2016

江苏专利实力指数报告

JIANGSU ZHUANLI SHILI ZHISHU BAOGAO

主 编 □ 江苏省知识产权研究与保护协会

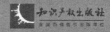
知识产权出版社

图书在版编目（CIP）数据

江苏专利实力指数报告.2016/江苏省知识产权研究与保护协会编.
—北京：知识产权出版社，2016.10
　　ISBN 978-7-5130-4519-3

　　Ⅰ.①江…　Ⅱ.①江…　Ⅲ.①专利—指数—研究报告—江苏—2016　Ⅳ.①G306.72

中国版本图书馆CIP数据核字(2016)第243100号

内容提要

　　本书主要通过对江苏各设区市专利状况的监测与分析，促进江苏省各地专利质量的提升和知识产权强省的建设。本书对专利数据指标体系进行了进一步的修正，最终确定了4个一级指标、10个二级指标和39个三级指标；对一些指标内容进行了调整，提高了指标分析的科学性和针对性。本书适合作为知识产权理论和政策研究人员、实务工作者及相关社会公众的参考读物。

责任编辑：张　珑　　　　　　　**责任出版：卢运霞**

江苏专利实力指数报告2016
江苏省知识产权研究与保护协会　主编

出版发行：知识产权出版社有限责任公司		网　　址：http：// www.ipph.cn	
电　　话：010－82004826		http：//www.laichushu.com	
社　　址：北京市海淀区马甸南村1号		邮　　编：100088	
责编电话：010－82000860转8574		责编邮箱：riantjde@sina.com	
发行电话：010－82000860转8101／8029		发行传真：010－82000893／82003279	
印　　刷：北京中献拓方科技发展有限公司		经　　销：各大网上书店、新华书店及相关专业书店	
开　　本：720mm×960mm　1/16		印　　张：7.5	
版　　次：2016年10月第1版		印　　次：2016年10月第1次印刷	
字　　数：124千字		定　　价：28.00元	

ISBN 978－7－5130－4519－3

编　委　会

主　　编： 支苏平

副 主 编： 黄志臻　张春平　丁荣余　施　蔚　施　伟

总 审 稿： 杨玉明

编 写 组： 王亚利　唐小丽　石　瑛

数据支持： 国家知识产权局

　　　　　　江苏省知识产权局

　　　　　　江苏省专利信息服务中心

　　　　　　江苏省统计局

前　言

　　2015年，在江苏省委、省政府的正确领导和国家知识产权局的大力支持下，全省知识产权局系统紧紧围绕"迈上新台阶、建设新江苏"的总体目标，积极适应和引领新常态，认真谋划和推进新发展，全面贯彻落实《中共江苏省委江苏省人民政府关于加快建设知识产权强省的意见》，全省知识产权事业呈现"稳中有进、稳中有新"的发展态势，知识产权强省建设实现良好开局。《江苏专利实力指数报告2016》旨在通过对江苏各设区市专利状况的监测与分析，促进各地专利质量的提升和知识产权强省的建设。

　　《江苏专利实力指数报告》自2014年开始编制并持续对外发布，一直致力于将统计学分析方法引入专利数据挖掘中，力争揭示影响地区专利实力差异的各类因素，为知识产权理论和政策研究人员、实务工作者及相关社会公众提供尽可能翔实、客观的数据和结论。

　　《江苏专利实力指数报告2016》对指标体系进行了进一步的修正，最终确定了4个一级指标、10个二级指标和39个三级指标。指标数量较《江苏专利实力指数报告2015》有所增加。在创造数量指标下，新增了专利申请量和专利授权量，弥补了以往指标统计中的不足。另外，本报告对一些指标内容进行了调整，如删除了环境服务下的三级指标专利电子申请率等，提高了指标分析的科学性和针对性。

　　《江苏专利实力指数报告2016》是多方支持与合作的成果，报告在指标体系构建、数据获取方面获得了国家知识产权局相关部门、江苏省知识产权联席会议各成员单位、江苏省知识产权局各处（室）、江苏省专利信息服务中心相关部门及各设区市知识产权局的大力支持和通力配合，在此一并致谢。

由于时间有限，《江苏专利实力指数报告2016》难免存在疏漏与不足，恳请社会各界提出宝贵意见。

江苏省知识产权研究与保护协会

2016年8月

目　录

第一章　绪　论 ·· （1）

　　一、指数报告编制背景及意义 ···························· （1）

　　二、国内外相关研究现状 ································· （2）

第二章　江苏省专利实力综述与分析 ················· （6）

　　一、江苏省专利实力综述 ································· （6）

　　二、江苏省专利实力分析 ································· （9）

第三章　地区专利实力分析 ························· （12）

　　一、地区专利实力一级指标分析 ···················· （12）

　　二、地区专利实力二级指标分析 ···················· （13）

　　三、地区专利实力三级指标分析 ···················· （19）

第四章　地区专利实力分项指标分析 ··············· （37）

　　一、南京市专利实力分项指标分析 ·················· （37）

　　二、无锡市专利实力分项指标分析 ·················· （41）

　　三、徐州市专利实力分项指标分析 ·················· （44）

　　四、常州市专利实力分项指标分析 ·················· （48）

　　五、苏州市专利实力分项指标分析 ·················· （52）

　　六、南通市专利实力分项指标分析 ·················· （56）

　　七、连云港市专利实力分项指标分析 ················ （60）

　　八、淮安市专利实力分项指标分析 ·················· （64）

　　九、盐城市专利实力分项指标分析 ·················· （68）

　　十、扬州市专利实力分项指标分析 ·················· （71）

十一、镇江市专利实力分项指标分析 ·········· (75)

十二、泰州市专利实力分项指标分析 ·········· (79)

十三、宿迁市专利实力分项指标分析 ·········· (83)

第五章　附　录 ·········· (87)

一、江苏省专利实力指标体系与解释 ·········· (87)

二、江苏省专利实力指数计算方法 ·········· (90)

三、数据资料 ·········· (91)

表目录

表1-1　中国专利统计分析研究概况 ……………………………………（3）

表2-1　2015年江苏地区专利实力指数 …………………………（10）

表2-2　2015年南京市、宿迁市专利实力指数比较 ………………（11）

表3-1　2015年江苏地区专利实力一级指标指数 ………………（13）

表3-2　2015年江苏专利创造实力及其二级指标指数 …………………（14）

表3-3　2015年江苏专利运用实力及其二级指标指数 …………………（16）

表3-4　2015年江苏专利保护实力及其二级指标指数 …………………（17）

表3-5　2015年江苏专利环境实力及其二级指标指数 …………………（19）

表3-6　2015年江苏专利创造数量指标指数 …………………（21）

表3-7　2015年江苏专利创造质量指标指数 …………………（23）

表3-8　2015年江苏专利创造效率指标指数 …………………（25）

表3-9　2015年江苏专利运用数量指标指数 …………………（26）

表3-10　2015年江苏专利运用效果指标指数 …………………（28）

表3-11　2015年江苏专利行政保护指标指数 …………………（30）

表3-12　2015年江苏专利司法保护指标指数 …………………（31）

表3-13　2015年江苏专利管理环境指标指数 …………………（33）

表3-14　2015年江苏专利服务环境指标指数 …………………（34）

表3-15　2015年江苏专利人才环境指标指数 …………………（36）

表4-1　南京市专利实力分项指标指数 ………………………（38）

表4-2　无锡市专利实力分项指标指数 ………………………（42）

表4-3　徐州市专利实力分项指标指数 ………………………（46）

表4-4　常州市专利实力分项指标指数 ………………………（50）

表4-5　苏州市专利实力分项指标指数 ……………………………………(54)

表4-6　南通市专利实力分项指标指数 ……………………………………(58)

表4-7　连云港市专利实力分项指标指数 …………………………………(62)

表4-8　淮安市专利实力分项指标指数 ……………………………………(66)

表4-9　盐城市专利实力分项指标指数 ……………………………………(69)

表4-10　扬州市专利实力分项指标指数 …………………………………(73)

表4-11　镇江市专利实力分项指标指数 …………………………………(77)

表4-12　泰州市专利实力分项指标指数 …………………………………(81)

表4-13　宿迁市专利实力分项指标指数 …………………………………(84)

表5-1　江苏省专利实力指标体系 …………………………………………(87)

表5-2　江苏省各设区市知识产权管理机构设置 …………………………(91)

表5-3　江苏省企业知识产权战略推进计划项目实施工作 ………………(92)

表5-4　江苏省企业知识产权管理标准化示范创建工作 …………………(93)

表5-5　2015年江苏省知识产权宣传工作 …………………………………(94)

表5-6　2015年江苏省重大科技成果转化项目知识产权审查 ……………(94)

表5-7　2015年苏南五市分技术领域有效发明专利量 ……………………(94)

表5-8　2015年苏中三市分技术领域有效发明专利量 ……………………(96)

表5-9　2015年苏北五市分技术领域有效发明专利量 ……………………(98)

表5-10　2015年设区市有效发明专利维持年限 …………………………(100)

表5-11　2015年设区市商标申请与注册量 ………………………………(100)

表5-12　2015年县(市、区)商标申请与注册量 …………………………(101)

图目录

图 2–1 2015年江苏专利实力指数地区分布 ·········· （11）

图 3–1 专利实力指标设计 ·········· （12）

图 3–2 专利创造指标设计 ·········· （14）

图 3–3 专利运用指标设计 ·········· （15）

图 3–4 专利保护指标设计 ·········· （17）

图 3–5 专利环境指标设计 ·········· （18）

图 3–6 专利创造数量指标设计 ·········· （20）

图 3–7 专利创造质量指标设计 ·········· （22）

图 3–8 专利创造效率指标设计 ·········· （24）

图 3–9 专利运用数量指标设计 ·········· （26）

图 3–10 专利运用效果指标设计 ·········· （27）

图 3–11 专利行政保护指标设计 ·········· （29）

图 3–12 专利司法保护指标设计 ·········· （30）

图 3–13 专利管理环境指标设计 ·········· （32）

图 3–14 专利服务环境指标设计 ·········· （34）

图 3–15 专利人才环境指标设计 ·········· （35）

图 4–1 南京市专利实力一级指标指数 ·········· （37）

图 4–2 无锡市专利实力一级指标指数 ·········· （41）

图 4–3 徐州市专利实力一级指标指数 ·········· （45）

图 4–4 常州市专利实力一级指标指数 ·········· （49）

图 4–5 苏州市专利实力一级指标指数 ·········· （53）

图4-6　南通市专利实力一级指标指数 ……………………………（57）
图4-7　连云港市专利实力一级指标指数 …………………………（61）
图4-8　淮安市专利实力一级指标指数 ……………………………（65）
图4-9　盐城市专利实力一级指标指数 ……………………………（68）
图4-10　扬州市专利实力一级指标指数 …………………………（72）
图4-11　镇江市专利实力一级指标指数 …………………………（76）
图4-12　泰州市专利实力一级指标指数 …………………………（80）
图4-13　宿迁市专利实力一级指标指数 …………………………（83）

第一章 绪 论

一、指数报告编制背景及意义

2015年，在江苏省委、省政府的正确领导和国家知识产权局、江苏省科技厅的关心支持下，江苏省扎实推进知识产权强省建设，实现"十二五"圆满收官，为"十三五"发展打下了坚实基础。知识产权战略实施开创新局面，专利创造提质增效迈上新台阶，知识产权运用模式取得新突破，知识产权保护效能实现新提升，知识产权服务能力再上新水平。

党的十八届五中全会描绘了"十三五"时期经济社会发展的新蓝图，提出了创新、协调、绿色、开放、共享发展的新理念，明确要求深化知识产权领域改革，强化知识产权保护和运用。国务院《关于新形势下加快知识产权强国建设的若干意见》明确提出要建设中国特色、世界水平的知识产权强国。为贯彻中央决策部署，江苏省委"十三五"规划对知识产权工作提出了新的更高的要求。江苏省知识产权工作处在新的历史起点上，需要深刻认识当前形势，牢固树立科学理念，全面开启"十三五"知识产权事业新征程。

为全面反映江苏省专利实力状况，定量分析各地区专利创造、运用、保护等方面的发展水平，引导江苏省专利事业科学发展，江苏省知识产权研究与保护协会继续开展江苏省专利实力状况的研究工作，科学合理地优化江苏省专利实力指标，客观评价地区专利发展状况并与2014年度对比分析，挖掘各地区专利发展存在差距的根源，为各级知识产权管理部门制定相关政策提供更加可靠的数据支撑，进一步提升该地区的专利实力和科技竞争力，更好地促进新常态下知识产权强省建设。

二、国内外相关研究现状

许多发达国家对专利指标的研究和利用十分重视，并已有多年的理论研究和实践经验，他们建立专利专题数据库，不断进行深入的专利跟踪调查和分析。例如，1999年日本特许厅公布的《知识产权管理评估指标》和美国知识产权咨询公司CHI Research研究的专利评价指标，它们主要针对企业的知识产权管理、专利创新能力、专利质量等进行评价，提升企业竞争力。2002年，日本提出了"知识产权立国"战略，认为创造、保护和应用知识产权是提高日本国际竞争力的关键。2012年3月，美国商务部发布了一份名为《聚焦知识产权和美国经济产业》的综合报告，报告中使用"专利密集度"这一指标来衡量各个产业专利这一知识产权形式的使用水平，由此确定了专利密集型产业，并分析了专利密集型产业的特征以及对美国经济增长的贡献。2015年3月，美国民间智库DNP Analytics发布研究报告《知识产权密集型制造产业：促进美国经济增长》，报告将研发投入作为衡量知识产权密集度的指标，将知识产权密集型制造产业定义为平均每人每年的研发投入高于美国制造部门所有产业均值的产业，其中不同产业知识产权密集度为产业年均研发投入除以产业内总的就业人数。

中国围绕专利的统计分析研究也比较多，主要集中在专利评价指标的建立、专利实力与经济水平的关系和区域专利实力评价等方面（见表1-1）。

表1-1　中国专利统计分析研究概况

研究方向	代表作者
专利评价指标构建	黄庆，曹津燕，等（2004）❶
	曹津燕，肖云鹏，等（2004）❷
	魏雪君，葛仁良（2005）❸
	李利，陈修义（2011）❹
	王鹏龙，马建霞，任珩（2014）❺
	朱月仙，张娴，等（2015）❻
专利产出与经济水平的关系	鞠树成（2005）❼
	高雯雯，孙成江，刘玉奎（2006）❽
	张继红，吴玉鸣（2007）❾
	曾昭法，聂亚菲（2008）❿
	姜军，武兰芬（2014）⓫
	张慧颖，魏延辉（2015）⓬

---

❶ 黄庆,曹津燕,等.专利评价指标体系一——专利评价指标体系的设计和构建[J].知识产权,2004 (5):25-28.

❷ 曹津燕,肖云鹏,等.专利评价指标体系二——运用专利评价指标体系中的指标进行数据分析[J].知识产权,2004 (5):29-34.

❸ 魏雪君,葛仁良.我国专利统计指标体系的构建[J].工作视点,2005(8):55-56.

❹ 李利,陈修义.专利综合实力评价及实证研究[J].情报杂志,2011(3):89-123.

❺ 王鹏龙,马建霞,任珩.基于主成分分析的西北五省区专利资源布局评价[J].科技管理研究,2014(17):82-87.

❻ 朱月仙,张娴,等.国内外专利产业化潜力评价指标研究[J].图书情报工作,2015(1):127-133.

❼ 鞠树成.中国专利产出与经济增长关系的实证研究[J].科学管理研究,2005,23(5):100-103.

❽ 高雯雯,孙成江,刘玉奎.中国专利产出与经济增长的协整分析[J].情报杂志,2006(1):34-36.

❾ 张继红,吴玉鸣.专利产出与区域经济增长的动态关联机制分析[J].工业工程与管理,2007(2):13-15.

❿ 曾昭法,聂亚菲.专利与我国经济增长实证研究[J].科技管理研究,2008(7):406-407.

⓫ 姜军,武兰芬.江苏省技术创新与经济增长的关系研究——基于面板数据的实证,科技管理研究[J].科技管理研究,2014(3):82-90.

⓬ 张慧颖,魏延辉.专利制度与高技术产业经济增长多效应关系研究[J].经济体制改革,2015(4):116-122.

研究方向	代表作者
区域专利实力评价	王宏起，杨京玺（2007）❶
	王鸣涛（2011）❷
	张文新，李琴，等（2012）❸
	陈嗣元（2014）❹
	齐萍，刘会景，等（2015）❺

　　2015年，朱月仙、张娴等通过实证研究确定了可用于评价国外及国内专利产业化潜力的指标。用于评价国外专利产业化潜力的指标包括相对被引次数、非专利参考文献数量、IPC分类号个数、权利要求数量、专利族大小、专利年龄、授权后第8年是否维持；用于评价国内专利产业化潜力的指标包括专利类型、授权后第5年是否维持。张慧颖、魏延辉在已有的国家层面静态效应研究基础上，从产业视角分析了专利制度对经济增长的动态效应。通过对中国高技术产业的整体、大类行业、中类行业、时序多视角实证分析，发现专利制度对经济增长的效应不是一成不变的，是动态的，也不是非此即彼的，是正负效应同时存在、共同作用的结果。专利制度对产业经济增长具有多效应，产业政策制定要注重针对性、时效性与协同性。齐萍、刘会景等结合中国专利数据的属性特征，从专利产出水平、专利技术实力、专利经济价值三个维度构造专利实力评价指标体系，应用

---

❶ 王宏起,杨京玺.区域专利产出水平评价指标体系及其实证研究[J].科技进步与对策,2007 (12):24.

❷ 王鸣涛.基于模糊综合评价法的我国区域专利实力评价实证研究[J].科技管理研究,2011 (16):170-172.

❸ 张文新,李琴,等.我国城市专利综合实力影响因素分析[J].城市经济与管理,2012(7):91-97.

❹ 陈嗣元.江苏省专利实力综合评价研究[D].镇江:江苏大学,2014.

❺ 齐萍,刘会景,等.基于AHP-FCE的全国各地区专利实力评价[J].数字图书馆论坛,2015(9): 17-21.

基于层次分析法的模糊综合评价方法（AHP-FCE），对全国各地区专利实力进行评价分析，研究发现，我国各地区专利发展水平不均衡现象较为明显，同北京、广东等专利最强区相比，内陆及西北地区的专利实力存在很大的差距。

第二章　江苏省专利实力综述与分析

一、江苏省专利实力综述

2015年是"十二五"收官之年。在这一年里，江苏省知识产权局系统明确发展目标，厘清工作思路，创新工作举措，扎实推进知识产权强省建设，实现"十二五"圆满收官，为"十三五"发展打下了坚实基础。江苏省专利综合实力全国排名第三位，区域创新能力连续八年居全国首位。

（一）专利创造提质增效迈上新台阶

一是专利产出实现争先进位。2015年江苏省专利申请和授权量、发明专利申请量、企业专利申请和授权量分别达428337件、250290件、154608件、275249件、166445件，继续保持全国第一；发明专利授权量达36015件，同比增长83.09%，首次跃居全国第一，实现六项指标全国第一。二是专利结构进一步优化。发明专利申请量占总量的比例进一步提升，达到36.09%，发明专利授权量占比达14.39%；万人发明专利拥有量达14.22件，同比增长39.14%；PCT专利申请量达2442件，同比增长51.68%。三是高价值专利培育成效初显。围绕新材料、智能装备、生物医药、电子信息等战略性新兴产业启动高价值专利培育计划，推动企业与高校院所、服务机构强强联合，在江苏省布局7个高价值专利培育示范中心。四是优质专利大量涌现。在第十七届中国专利奖评选中，江苏省荣获专利金奖1项，外观设计金奖2项，专利优秀奖71项，获奖项目总数达74项，再创历史新高。江苏省第九届专利项目奖评出专利金奖10项，优秀奖50项。无锡、徐州、苏州、盐城、扬州等10个市也组织开展了地方专利奖评选工作。

（二）知识产权运用模式取得新突破

一是知识产权运营实现突破。筹集1亿元省重点产业知识产权运营基金，实现了知识产权运营基金从无到有的突破。投入4650万元支持江苏汇智知识产权服务有限公司、苏州纳米产业研究院技术有限公司等18家高校、科研院所、服务机构开展知识产权运营，探索不同主体知识产权运营新模式，累计运营收入突破3亿元。二是知识产权金融创新发展。江苏省知识产权局与江苏银行联合印发《关于共同推进专利权质押信用贷款工作的通知》，探索专利质押贷款新模式，简化质押融资流程，降低银行贷款风险，全年专利权质押贷款额达18亿元。苏州、南通、镇江等地研究设计知识产权侵权责任险、专利权质押贷款保证险等新险种，签订保单800余份，保险金额达5000万元。三是知识产权密集型产业培育顺利启动。江苏省知识产权局组织开展"知识产权密集型产业统计指标体系及实施方案"专题研究，承担了国家知识产权密集型产业统计试点工作，初步提出了知识产权密集型产业统计指标体系和产业目录。四是专利导航产业发展实验区加快发展。南京制定了《南京市专利导航产业发展实验区实施办法》，苏州工业园区专利导航试验区被纳入"国家重点微观专利导航项目"实施区域。五是战略性新兴产业知识产权集群管理试点工作稳步推进。兴化特种合金材料及制品产业基地、南京软件谷等知识产权集群管理试点单位在国家知识产权局评审中获得优异成绩。

（三）知识产权保护效能实现新提升

一是加大专利行政执法力度。扎实开展知识产权执法维权"护航"专项行动，立案查处专利违法案件4918起，其中假冒专利4189起，专利纠纷729起，结案4907起，案件数量位居全国前列。探索电子商务领域知识产权保护模式，与"苏宁易购"建立知识产权保护协作机制。严格展会知识产权保护，对"中国（昆山）品牌产品进口交易会""第九届国际发明展览会"等20余个展会进行现场监管。市县专利执法工作进一步加强，南京、无锡、徐州、苏州、宿迁等市案件数量明显上升。二是推进"正版正货"承诺计划。新认定24家"正版正货"示范创建街区、5家"正版正货"示范创建行业协会、173家"正版正货"承诺企业。推荐5家示范创建街区列入国家知识产权保护规范化培育市场，入选街区累计达到11家，数量居全国前列。三是强化知识产权维权援助。江苏省38家知识产权维权援助机构共计接听咨询热线5378个，接收举报投诉316起，调解知识产权纠纷80起，服务企业2344家，发放维权援助资金216万元，有力支持企业开展知识产权维权。

（四）知识产权服务能力再上新水平

一是知识产权公共服务体系更加完善。国家区域专利信息服务（南京）中心加快发展，分支机构达到10家，业务覆盖12个省（自治区、直辖市）。国家专利审查协作江苏中心工作人员达到1507人，年审查专利超过10万件，营业收入达到4亿元，审查业务量居全国审协前列，对江苏的辐射效应逐渐显现。国家专利局南京代办处及苏州分理处被国家知识产权局评为"先进代办处"，并授予"青年文明号"荣誉称号，全年受理专利申请32.1万件，收取专利费用总额达到3.9亿元，业务量继续保持全国前列。二是知识产权社会化服务规范发展。强化知识产权服务行业监管，推行《专利代理服务质量管理规范》，新遴选4家专利代理机构开展贯标试点。实施知识产权服务能力提升工程，继续开展服务机构星级评定和优秀发明专利申请文件评选。投入300万元采购服务，推动优质服务机构为企业提供专业服务。全年新增专利代理及分支机构28家，总数达到191家，涌现出一批以"专利巴巴"为代表的"互联网+知识产权服务"新业态。三是知识产权服务业集聚区建设稳步推进。苏州国家知识产权服务业集聚发展试验区以第一名的成绩顺利通过国家验收，目前入驻服务机构达63家，其中全国前20强、品牌机构占比近30%，从业人员超过2000人，营业收入达到5亿元，集聚效应更加明显。

（五）知识产权宣传培训取得新成效

一是知识产权人才培养扎实有效。南京理工大学知识产权学院构建了全序列知识产权学历教育和通识教育课程体系，成为江苏省实践教育中心建设点。南京工业大学开设知识产权管理双学位课程班，启动企业知识产权管理师万人培训工程。国家中小微企业知识产权（苏州工业园区）培训基地、江苏省知识产权法（江南大学）研究中心、南京师范大学江苏省知识产权保护与发展研究院相继成立。继续举办专利代理人资格考试考前培训班，培训学员220人，考试通过率达60.33%。全年培训企业知识产权总监1081人、知识产权工程师2421人。全国知识产权领军人才、高层次人才分别达到16人、18人。二是知识产权社会影响明显提升。《人民日报》《经济日报》《光明日报》等中央媒体对江苏省知识产权工作进行专题报道，《新华日报》等江苏省内媒体刊发省领导署名文章，江苏电视台等电视媒体发布知识产权新闻130余条。《中国知识产权报》开办"创新江苏"专刊5个，《江苏科技报》出版知识产权专版周刊45期。各地围绕"4·26知识产权宣传周""护航行动"等开展系列宣传活动，营造了良好的知识产权社会环境。

二、江苏省专利实力分析

基于江苏省专利实力综述内容，报告从专利创造、运用、保护和环境四个方面对2015年江苏省专利实力进行排名与分析，得出各市专利实力状况呈现"苏南高苏北低"的特征，前三位依次是南京市、苏州市、无锡市，全部为苏南城市，后三位依次是淮安市、盐城市、宿迁市，全部为苏北城市。

各地区专利实力极不均衡，排名第 1 的南京市与排名第 13 的宿迁市，专利实力指数相差 0.636，排名第 1 至第 13 的设区市，其专利实力指数呈显著的下降趋势（见表 2-1）。

表 2-1　2015 年江苏地区专利实力指数

地区	专利实力	
	指数	排名
南京市	0.724	1
苏州市	0.660	2
无锡市	0.597	3
常州市	0.379	4
南通市	0.368	5
镇江市	0.347	6
泰州市	0.278	7
徐州市	0.276	8
扬州市	0.268	9
连云港市	0.187	10
淮安市	0.160	11
盐城市	0.137	12
宿迁市	0.088	13

排名第 1 的南京市专利实力指数是宿迁市的 8.2 倍，突出表现在南京市专利创造质量、专利运用数量、专利行政保护和专利人才环境指标指数远高于宿迁市（见表 2-2）。

表2-2　2015年南京市、宿迁市专利实力指数比较

指标	实力指数		实力指数绝对差异 (南京市-宿迁市)	实力指数相对差异 (南京市/宿迁市)
	南京市	宿迁市		
专利实力	0.724	0.088	0.636	8.2
专利创造质量	0.786	0.192	0.594	4.1
专利运用数量	1.000	0.000	1.000	/
专利行政保护	0.707	0.068	0.639	10.4
专利人才环境	0.696	0.036	0.660	19.3

　　根据2015年专利实力指数，江苏省13个市划分为四类（见图2-1）。

　　第一类：专利实力指数高于0.5的地区，包括南京市、苏州市和无锡市。

　　第二类：专利实力指数低于0.5，但高于0.3的地区，包括常州市、南通市和镇江市。

　　第三类：专利实力指数低于0.3，但高于0.2的地区，包括泰州市、徐州市和扬州市。

　　第四类：专利实力指数低于0.2的地区，包括连云港市、淮安市、盐城市和宿迁市。

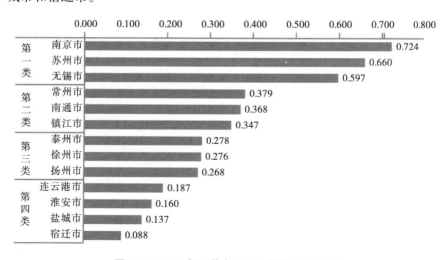

图2-1　2015年江苏专利实力指数地区分布

第三章 地区专利实力分析

一、地区专利实力一级指标分析

（一）地区专利实力一级指标设计

专利实力指标体系下设4个一级指标：专利创造、专利运用、专利保护、专利环境（见图3-1）。

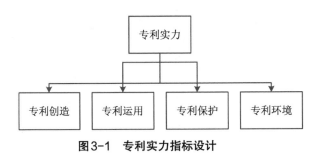

图3-1 专利实力指标设计

（二）地区专利实力一级指标分析

专利创造、专利运用、专利保护和专利环境4个一级指标排名前三位均分布在南京市、苏州市和无锡市，全部为苏南城市，后三位全部为苏北城市。大部分设区市4项一级指标排名差异在3个位次内，但连云港市、镇江市、徐州市、泰州市指标排名则差异性较大，如连云港市专利环境指标全省排名第5，专利保护指标全省排名第12，相差7个位次（见表3-1）。

表3-1　2015年江苏地区专利实力一级指标指数

地区	专利实力		专利创造		专利运用		专利保护		专利环境	
	指数	排名	指数	排名	指数	排名	指数	排名	指数	排名
南京市	0.724	1	0.660	2	0.925	1	0.591	3	0.695	1
无锡市	0.597	3	0.597	3	0.546	2	0.708	2	0.477	3
徐州市	0.276	8	0.253	8	0.162	9	0.329	7	0.438	4
常州市	0.379	4	0.400	5	0.301	7	0.459	4	0.339	6
苏州市	0.660	2	0.732	1	0.470	3	0.793	1	0.651	2
南通市	0.368	5	0.372	6	0.304	6	0.455	5	0.314	7
连云港市	0.187	10	0.295	7	0.082	11	0.114	12	0.362	5
淮安市	0.160	11	0.100	13	0.068	12	0.307	9	0.150	12
盐城市	0.137	12	0.131	11	0.153	10	0.141	11	0.108	13
扬州市	0.268	9	0.165	9	0.249	8	0.365	6	0.288	8
镇江市	0.347	6	0.427	4	0.425	4	0.268	10	0.218	10
泰州市	0.278	7	0.148	10	0.367	5	0.323	8	0.228	9
宿迁市	0.088	13	0.101	12	0.039	13	0.071	13	0.196	11

二、地区专利实力二级指标分析

（一）专利创造二级指标分析

1.指标设计

专利创造指标下设3个二级指标：专利创造数量、专利创造质量、专利创造效率（见图3-2）。

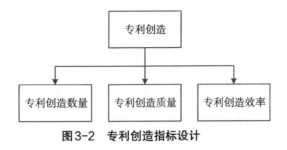

图3-2 专利创造指标设计

2.地区创造实力分析

专利创造数量、效率指标前三位分布在南京市、无锡市、苏州市，专利创造质量指标前三位是南京市、苏州市、连云港市，除了连云港市为苏北城市，其他全部为苏南城市。连云港市的专利创造数量和效率指标不占优势，分别排名全省第12和第11，但创造质量较好，排名全省第3。专利创造数量、效率指标后三位均为苏北城市，专利创造质量指标后三位是扬州市、淮安市、泰州市。

绝大部分设区市专利创造数量、质量和效率3项二级指标排名差异在3个位次内，但连云港市和泰州市指标排名差异性较大，如连云港市，专利创造质量指标全省排名第3，专利创造数量指标全省排名第12，相差9个位次（见表3-2）。

表3-2 2015年江苏专利创造实力及其二级指标指数

地区	专利创造		专利创造数量		专利创造质量		专利创造效率	
	指数	排名	指数	排名	指数	排名	指数	排名
南京市	0.660	2	0.495	3	0.786	1	0.630	3
无锡市	0.597	3	0.525	2	0.541	4	0.706	1
徐州市	0.253	8	0.109	10	0.411	7	0.173	8
常州市	0.400	5	0.258	6	0.445	6	0.446	5
苏州市	0.732	1	0.913	1	0.682	2	0.666	2

续表

地区	专利创造		专利创造数量		专利创造质量		专利创造效率	
	指数	排名	指数	排名	指数	排名	指数	排名
南通市	0.372	6	0.407	4	0.366	8	0.355	6
连云港市	0.295	7	0.032	12	0.622	3	0.107	11
淮安市	0.100	13	0.040	11	0.104	12	0.135	10
盐城市	0.131	11	0.114	9	0.215	9	0.049	12
扬州市	0.165	9	0.176	8	0.175	11	0.146	9
镇江市	0.427	4	0.302	5	0.446	5	0.490	4
泰州市	0.148	10	0.199	7	0.083	13	0.187	7
宿迁市	0.101	12	0.029	13	0.192	10	0.048	13

（二）专利运用二级指标分析

1.指标设计

专利运用指标下设2个二级指标：专利运用数量、专利运用效果（见图3-3）。

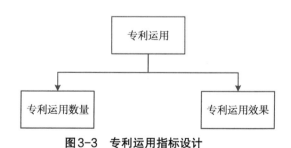

图3-3 专利运用指标设计

2.地区运用实力分析

位于专利运用数量指标前三位的分别是南京市、苏州市、泰州市，专利运用效果指标前三位的分别是南京市、无锡市、镇江市，除了泰州市为苏中城市，其他全部为苏南城市，位于专利运用数量和效果指标后三位的全部为苏北城市。

大部分设区市专利运用数量和效果2项二级指标排名差异在3个位次内，但盐城市、泰州市、南通市、连云港市指标排名差异性较大，专利运用数量和效果指数排名分别相差6个、6个、5个、5个位次（见表3-3）。

表3-3 2015年江苏专利运用实力及其二级指标指数

地区	专利运用		专利运用数量		专利运用效果	
	指数	排名	指数	排名	指数	排名
南京市	0.925	1	1.000	1	0.875	1
无锡市	0.546	2	0.643	4	0.482	2
徐州市	0.162	9	0.127	11	0.186	8
常州市	0.301	7	0.465	7	0.192	7
苏州市	0.470	3	0.721	2	0.302	4
南通市	0.304	6	0.515	5	0.163	10
连云港市	0.082	11	0.206	8	0.000	13
淮安市	0.068	12	0.146	10	0.016	12
盐城市	0.153	10	0.017	12	0.244	6
扬州市	0.249	8	0.200	9	0.281	5
镇江市	0.425	4	0.477	6	0.391	3
泰州市	0.367	5	0.661	3	0.170	9
宿迁市	0.039	13	0.000	13	0.065	11

（三）专利保护二级指标分析

1.指标设计

专利保护指标下设2个二级指标：专利行政保护、专利司法保护（见图3-4）。

图3-4　专利保护指标设计

2.地区保护实力分析

位列专利行政保护指标前三位的依次是无锡市、苏州市、南京市，均为苏南城市，位列专利司法保护指标前三位的依次是苏州市、扬州市、无锡市，其中扬州市为苏中城市。位列专利行政保护指标后三位的依次是盐城市、宿迁市、连云港市，全部为苏北城市，位列专利司法保护指标后三位的依次是泰州市、宿迁市、镇江市，包含了苏南、苏中和苏北城市。

大部分设区市专利行政保护和司法保护2项二级指标排名差异在3个位次内，但扬州市、徐州市、镇江市、泰州市指标排名差异性较大，分别相差7个、6个、6个、5个位次（见表3-4）。

表3-4　2015年江苏专利保护实力及其二级指标指数

地区	专利保护		专利行政保护		专利司法保护	
	指数	排名	指数	排名	指数	排名
南京市	0.591	3	0.707	3	0.416	6
无锡市	0.708	2	0.801	1	0.568	3
徐州市	0.329	7	0.203	10	0.517	4
常州市	0.459	4	0.476	5	0.435	5
苏州市	0.793	1	0.745	2	0.865	1
南通市	0.455	5	0.517	4	0.363	7
连云港市	0.114	12	0.037	13	0.231	10
淮安市	0.307	9	0.338	8	0.260	8

续表

地区	专利保护		专利行政保护		专利司法保护	
	指数	排名	指数	排名	指数	排名
盐城市	0.141	11	0.079	11	0.234	9
扬州市	0.365	6	0.211	9	0.595	2
镇江市	0.268	10	0.426	7	0.031	13
泰州市	0.323	8	0.432	6	0.158	11
宿迁市	0.071	13	0.068	12	0.075	12

（四）专利环境二级指标分析

1.指标设计

专利环境指标下设3个二级指标：专利管理环境、专利服务环境、专利人才环境（见图3-5）。

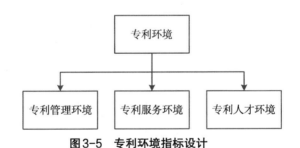

图3-5 专利环境指标设计

2.地区环境实力分析

位列专利管理环境指标前三位的依次是苏州市、南京市、南通市，位列专利服务环境指标前三位的依次是连云港市、徐州市、南京市，位列专利人才环境指标前三位的依次是南京市、苏州市、无锡市，苏北城市连云港市、徐州市专利服务环境排名全省第1和第2，表现亮眼。位列专利管理、人才环境指标后三位的均为苏北城市，专利服务环境后三位依次是镇江市、泰州市、盐城市。

有6个设区市专利管理、专利服务、专利人才环境3项二级指标排名差异超过5个位次，其中连云港市、泰州市、宿迁市指标排名严重分化，如连云港市专利服务环境指标全省排名第1，而专利管理和人才环境指标全省排名分别为第12和第10（见表3-5）。

表3-5　2015年江苏专利环境实力及其二级指标指数

地区	专利环境		专利管理环境		专利服务环境		专利人才环境	
	指数	排名	指数	排名	指数	排名	指数	排名
南京市	0.695	1	0.580	2	0.787	3	0.696	1
无锡市	0.477	3	0.482	4	0.482	6	0.469	3
徐州市	0.438	4	0.296	7	0.820	2	0.214	7
常州市	0.339	6	0.372	5	0.442	7	0.232	5
苏州市	0.651	2	0.963	1	0.537	4	0.538	2
南通市	0.314	7	0.502	3	0.352	9	0.158	8
连云港市	0.362	5	0.173	12	0.900	1	0.040	10
淮安市	0.150	12	0.197	10	0.263	10	0.026	13
盐城市	0.108	13	0.180	11	0.147	13	0.028	12
扬州市	0.288	8	0.259	8	0.389	8	0.223	6
镇江市	0.218	10	0.335	6	0.210	11	0.146	9
泰州市	0.228	9	0.249	9	0.152	12	0.277	4
宿迁市	0.196	11	0.022	13	0.528	5	0.036	11

三、地区专利实力三级指标分析

（一）专利创造三级指标分析

1.专利创造数量指标

1）指标设计

专利创造数量指标下设6个三级指标：专利申请量、专利授权量、发明专利授权量、PCT国际专利申请量、战略性新兴产业专利授权量、有发明专利申请高企数占高企总数比例（见图3-6）。

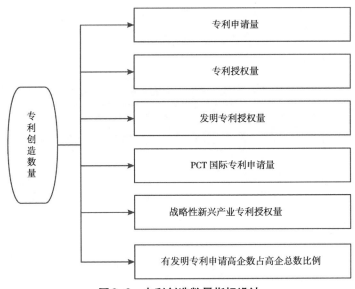

图3-6　专利创造数量指标设计

2）专利创造数量指标分析

在专利创造数量指标中，专利申请量、专利授权量、发明专利授权量和战略性新兴产业专利授权量4项指标前三位均分布在苏州市、无锡市、南京市，全部为苏南城市，位列PCT国际专利申请量前三位的依次是苏州市、南通市、南京市，位列有发明专利申请高企数占高企总数比例前三位的依次是镇江市、南通市、无锡市。

无锡市和宿迁市6项专利创造数量三级指标发展比较均衡，无锡市各项指标全省排名分布在第2位到第4位之间，宿迁市分布在第10位到第13位之间。镇江市、徐州市、南京市指标排名差异性较大，如镇江市有发明专利申请高企数占高企总数比例全省排名第1，PCT国际专利申请量全省排名第9，相差8个位次。苏州市有发明专利申请高企数占高企总数比例全省排名第6，其他5项指标均排在首位，指标间内部分化也比较突出（见表3-6）。

表3-6　2015年江苏专利创造数量指标指数

地区	数量指标		专利申请量		专利授权量		发明专利授权量		PCT国际专利申请量		战略性新兴产业专利授权量		有发明专利申请高企数占高企总数比例	
	指数	排名	指数	排名	指数	排名	指数	排名	指数	排名	指数	排名	指数	排名
南京市	0.495	3	0.536	3	0.402	3	0.782	2	0.291	3	0.782	2	0.176	8
无锡市	0.525	2	0.547	2	0.519	2	0.514	3	0.284	4	0.540	3	0.746	3
徐州市	0.109	10	0.065	11	0.060	10	0.108	7	0.189	5	0.140	7	0.090	12
常州市	0.258	6	0.348	4	0.288	5	0.240	5	0.161	6	0.361	4	0.150	9
苏州市	0.913	1	1.000	1	1.000	1	1.000	1	1.000	1	1.000	1	0.478	6
南通市	0.407	4	0.307	5	0.365	4	0.197	6	0.413	2	0.195	5	0.964	2
连云港市	0.032	12	0.000	13	0.000	13	0.024	11	0.051	8	0.020	12	0.100	11
淮安市	0.040	11	0.103	10	0.074	9	0.014	12	0.017	11	0.036	11	0.000	13
盐城市	0.114	9	0.172	9	0.047	11	0.026	10	0.013	12	0.069	10	0.356	7
扬州市	0.176	8	0.199	8	0.154	7	0.054	8	0.038	10	0.107	8	0.506	5
镇江市	0.302	5	0.200	7	0.157	6	0.253	4	0.049	9	0.152	6	1.000	1
泰州市	0.199	7	0.221	6	0.144	8	0.043	9	0.065	7	0.074	9	0.645	4
宿迁市	0.029	13	0.033	12	0.000	12	0.000	13	0.000	13	0.000	13	0.142	10

2.专利创造质量指标

1）指标设计

专利创造质量指标下设5个三级指标：发明专利授权量占比、有发明专利授权规上企业数占有专利授权规上企业数比例、高质量专利占授权发明专利比例、发明专利授权率、专利获奖数量（见图3-7）。

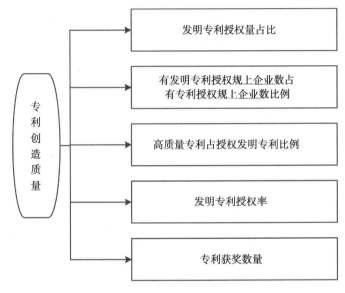

图3-7 专利创造质量指标设计

2）专利创造质量指标分析

在专利创造质量指标中，5项三级指标指数排名前三位分布在南京市、苏州市、连云港市、无锡市、镇江市、常州市、徐州市、南通市、宿迁市9个设区市中。扬州市、无锡市、淮安市5项三级指标发展比较均衡，各项指标间排名相差不超过3个位次，镇江市、宿迁市、南通市、盐城市指标间排名差异则比较显著，如镇江市发明专利授权量占比全省排名第2，高价值专利占授权发明专利比例全省排名第13，相差11个位次（见表3-7）。

表3-7　2015年江苏专利创造质量指标指数

地区	质量指标		发明专利授权量占比		有发明专利授权规上企业数占有专利授权规上企业数比例		高价值专利占授权发明专利比例		发明专利授权率		专利获奖数量	
	指数	排名	指数	排名	指数	排名	指数	排名	指数	排名	指数	排名
南京市	0.786	1	1.000	1	0.662	5	0.399	7	0.912	2	1.000	1
无锡市	0.541	4	0.473	4	0.840	2	0.438	5	0.530	5	0.323	3
徐州市	0.411	7	0.450	5	0.172	8	0.422	6	0.618	3	0.172	6
常州市	0.445	6	0.340	6	0.444	7	0.646	3	0.470	8	0.177	5
苏州市	0.682	2	0.515	3	0.677	4	1.000	1	0.503	6	0.927	2
南通市	0.366	8	0.193	7	0.708	3	0.074	12	0.490	7	0.240	4
连云港市	0.622	3	0.190	8	1.000	1	0.349	8	1.000	1	0.141	8
淮安市	0.104	12	0.000	13	0.040	12	0.242	10	0.155	11	0.005	12
盐城市	0.215	9	0.090	9	0.000	13	0.614	4	0.226	9	0.068	11
扬州市	0.175	11	0.071	10	0.092	10	0.333	9	0.214	10	0.120	9
镇江市	0.446	5	0.630	2	0.609	6	0.000	13	0.606	4	0.161	7
泰州市	0.083	13	0.045	11	0.112	9	0.210	11	0.000	13	0.099	10
宿迁市	0.192	10	0.007	12	0.080	11	0.724	2	0.099	12	0.000	13

3.专利创造效率指标

1）指标设计

专利创造效率指标下设6个三级指标：每万人有效发明专利量、每百双创人才发明专利申请与授权量、每亿元GDP规上企业发明专利授权量、每千万元研发经费发明专利申请量、每亿元高新技术产业产值发明专利授权量、每亿美元出口额PCT国际专利申请量（见图3-8）。

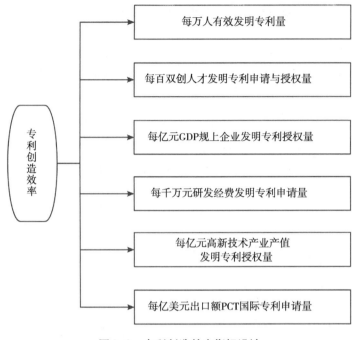

图3-8 专利创造效率指标设计

2）专利创造效率指标分析

在专利创造效率指标中，每万人有效发明专利量、每亿元GDP规上企业发明专利授权量、每千万元研发经费发明专利申请量、每亿元高新技术产业产值发明专利授权量4项三级指标位列前三位的均为苏南城市，位列每百双创人才发明专利申请与授权量指标前三位的依次是无锡市、扬州市、徐州市，位列每亿美元出口额PCT国际专利申请量指标前三位的依次是徐州市、南通市、连云港市。

有8个设区市6项专利创造效率三级指标排名差异超过8个位次，如徐州市每亿美元出口额PCT国际专利申请量全省排名第1，每亿元GDP规上企业发明专利授权量全省排名第13，相差12个位次。无锡市每亿美元出口额PCT国际专利申请量全省排名第9，其他5项指标全省排名均进入前三位，指标间发展存在不均衡性（见表3-8）。

表3-8　2015年江苏专利创造效率指标指数

地区	效率指标		每万人有效发明专利量		每百名双创人才发明专利申请与授权量		每亿元GDP规上企业发明专利授权量		每千万元研发经费发明专利申请量		每亿元高新技术产业产值发明专利授权量		每亿美元出口额PCT国际专利申请量	
	指数	排名	指数	排名	指数	排名	指数	排名	指数	排名	指数	排名	指数	排名
南京市	0.630	3	1.000	1	0.094	4	0.332	6	0.786	4	1.000	1	0.123	5
无锡市	0.706	1	0.761	3	1.000	1	0.779	2	0.879	3	0.576	2	0.059	9
徐州市	0.173	8	0.082	9	0.108	3	0.000	13	0.078	12	0.125	7	1.000	1
常州市	0.446	5	0.553	5	0.063	5	0.563	3	0.772	6	0.307	5	0.086	8
苏州市	0.666	2	0.825	2	0.022	8	1.000	1	1.000	1	0.476	3	0.025	11
南通市	0.355	6	0.436	6	0.010	10	0.530	4	0.282	9	0.194	6	0.342	2
连云港市	0.107	11	0.078	10	0.000	11	0.181	7	0.000	13	0.077	9	0.258	3
淮安市	0.135	10	0.049	11	0.000	11	0.027	12	0.775	5	0.050	10	0.106	6
盐城市	0.049	12	0.040	12	0.017	9	0.030	11	0.192	10	0.050	11	0.000	13
扬州市	0.146	9	0.155	7	0.133	2	0.136	9	0.379	8	0.024	12	0.040	10
镇江市	0.490	4	0.611	4	0.000	11	0.529	5	0.984	2	0.435	4	0.098	7
泰州市	0.187	7	0.154	8	0.058	7	0.164	8	0.664	7	0.000	13	0.175	4
宿迁市	0.048	13	0.000	13	0.062	6	0.073	10	0.106	11	0.101	8	0.021	12

（二）专利运用三级指标分析

1.专利运用数量指标

1）指标设计

专利运用数量指标下设2个三级指标：专利实施许可合同备案量、专利实施许可合同备案涉及专利量（见图3-9）。

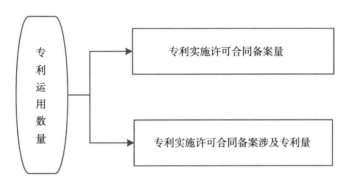

图3-9 专利运用数量指标设计

2）专利运用数量指标分析

在专利运用数量指标中，位列专利实施许可合同备案量前三位的依次是南京市、苏州市、无锡市，位列专利实施许可合同备案涉及专利量前三位的依次是南京市、苏州市、泰州市，除了泰州市，全部为苏南城市。专利实施许可合同备案量和专利实施许可合同备案涉及专利量2项指标后三位均为苏北城市（见表3-9）。

表3-9 2015年江苏专利运用数量指标指数

地区	数量指标		专利实施许可合同备案量		专利实施许可合同备案涉及专利量	
	指数	排名	指数	排名	指数	排名
南京市	1.000	1	1.000	1	1.000	1

地区	数量指标		专利实施许可合同备案量		专利实施许可合同备案涉及专利量	
	指数	排名	指数	排名	指数	排名
无锡市	0.643	4	0.566	3	0.720	4
徐州市	0.127	11	0.157	8	0.097	11
常州市	0.465	7	0.358	7	0.572	5
苏州市	0.721	2	0.597	2	0.844	2
南通市	0.515	5	0.509	4	0.521	7
连云港市	0.206	8	0.119	10	0.292	8
淮安市	0.146	10	0.094	11	0.198	10
盐城市	0.017	12	0.006	12	0.027	12
扬州市	0.200	9	0.151	9	0.249	9
镇江市	0.477	6	0.409	6	0.545	6
泰州市	0.661	3	0.497	5	0.825	3
宿迁市	0.000	13	0.000	13	0.000	13

2.专利运用效果指标

1）指标设计

专利运用效果指标下设3个三级指标：专利运营和转化实施项目数、重大科技成果转化项目数、知识产权质押融资金额（见图3-10）。

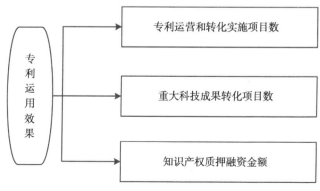

图3-10 专利运用效果指标设计

2）专利运用效果指标分析

在专利运用效果指标中，专利运营和转化实施项目数指标排在首位的是南京市，无锡市、徐州市、苏州市、扬州市、泰州市5市并列第2，位列重大科技成果转化项目数指标前三位的依次是南京市、苏州市、无锡市，位列知识产权质押融资金额指标前三位的依次是镇江市、盐城市、无锡市（见表3-10）。

表3-10　2015年江苏专利运用效果指标指数

地区	效果指标		专利运营和转化实施项目数		重大科技成果转化项目数		知识产权质押融资金额	
	指数	排名	指数	排名	指数	排名	指数	排名
南京市	0.875	1	1.000	1	1.000	1	0.625	4
无锡市	0.482	2	0.250	2	0.565	3	0.630	3
徐州市	0.186	8	0.250	2	0.043	9	0.263	6
常州市	0.192	7	0.000	7	0.478	5	0.097	8
苏州市	0.302	4	0.250	2	0.609	2	0.048	10
南通市	0.163	10	0.000	7	0.217	7	0.270	5
连云港市	0.000	13	0.000	7	0.000	11	0.000	12
淮安市	0.016	12	0.000	7	0.000	11	0.048	11
盐城市	0.244	6	0.000	7	0.000	11	0.732	2
扬州市	0.281	5	0.250	2	0.522	4	0.071	9
镇江市	0.391	3	0.000	7	0.174	8	1.000	1
泰州市	0.170	9	0.250	2	0.261	6	0.000	12
宿迁市	0.065	11	0.000	7	0.043	9	0.151	7

（三）专利保护三级指标分析

1.专利行政保护指标

1）指标设计

专利行政保护指标下设3个三级指标：查处专利侵权纠纷和假冒专利案件量、"正版正货"承诺企业数量、维权援助中心举报投诉受理量（见图3-11）。

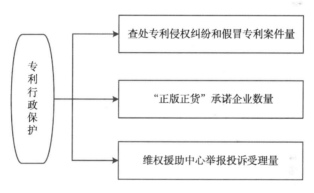

图3-11　专利行政保护指标设计

2）专利行政保护指标分析

在专利行政保护指标中，位列查处专利侵权纠纷和假冒专利案件量指标前三位的依次是苏州市、南京市、南通市，位列"正版正货"承诺企业数量前三位的依次是无锡市、淮安市、南京市，位列维权援助中心举报投诉受理量前三位的依次是镇江市、南通市、泰州市，涵盖了苏南、苏中和苏北城市。位列查处专利侵权纠纷和假冒专利案件量、"正版正货"承诺企业数量2项指标后三位的除扬州市外，均为苏北城市（见表3-11）。

表3-11　2015年江苏专利行政保护指标指数

地区	行政保护指标		查处专利侵权纠纷和假冒专利案件量		"正版正货"承诺企业数量		维权援助中心举报投诉受理量	
	指数	排名	指数	排名	指数	排名	指数	排名
南京市	0.707	3	0.773	2	0.620	3	0.000	8
无锡市	0.801	1	0.652	4	1.000	1	0.615	5
徐州市	0.203	10	0.190	8	0.221	9	0.000	8
常州市	0.476	5	0.607	5	0.301	7	0.173	7
苏州市	0.745	2	1.000	1	0.405	4	0.750	4
南通市	0.517	4	0.675	3	0.307	6	0.923	2
连云港市	0.037	13	0.000	13	0.086	11	0.000	8
淮安市	0.338	8	0.113	11	0.638	2	0.000	8
盐城市	0.079	11	0.130	9	0.012	12	0.519	6
扬州市	0.211	9	0.112	12	0.344	5	0.000	8
镇江市	0.426	7	0.585	6	0.215	10	1.000	1
泰州市	0.432	6	0.582	7	0.233	8	0.846	3
宿迁市	0.068	12	0.119	10	0.000	13	0.000	8

2.专利司法保护指标

1）指标设计

专利司法保护指标下设2个三级指标：法院审结知识产权民事一审案件量、法院审结"三审合一"知识产权刑事试点案件量（见图3-12）。

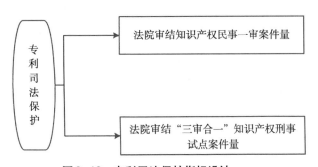

图3-12　专利司法保护指标设计

2）专利司法保护指标分析

在专利司法保护指标中，位列法院审结知识产权民事一审案件量前三位的依次是苏州市、南京市、无锡市，位列法院审结"三审合一"知识产权刑事试点案件量前三位的依次是扬州市、徐州市、苏州市（见表3-12）。

表3-12　2015年江苏专利司法保护指标指数

地区	司法保护指标		法院审结知识产权民事一审案件量		法院审结"三审合一"知识产权刑事试点案件量	
	指数	排名	指数	排名	指数	排名
南京市	0.416	6	0.639	2	0.192	9
无锡市	0.568	3	0.520	3	0.615	4
徐州市	0.517	4	0.149	8	0.885	2
常州市	0.435	5	0.370	5	0.500	5
苏州市	0.865	1	1.000	1	0.731	3
南通市	0.363	7	0.418	4	0.308	8
连云港市	0.231	10	0.000	13	0.462	6
淮安市	0.260	8	0.328	6	0.192	9
盐城市	0.234	9	0.084	10	0.385	7
扬州市	0.595	2	0.190	7	1.000	1
镇江市	0.031	13	0.061	12	0.000	13
泰州市	0.158	11	0.123	9	0.192	9
宿迁市	0.075	12	0.072	11	0.077	12

（四）专利环境三级指标分析

1.专利管理环境指标

1）指标设计

专利管理环境指标下设4个三级指标：知识产权专项经费投入；知识

产权管理机构人员数；知识产权强省建设试点示范县（市、区），园区数；企业知识产权管理标准化和战略推进计划数（见图3-13）。

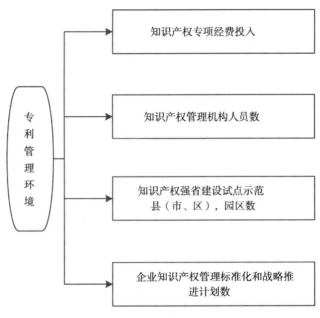

图3-13 专利管理环境指标设计

2）专利管理环境指标分析

在专利管理环境指标中，位列知识产权专项经费投入前三位的依次是苏州市、南通市、无锡市；位列知识产权管理机构人员数前三位的依次是南京市、无锡市、苏州市；位列知识产权强省建设试点示范县（市、区），园区数前三位的依次是苏州市、南通市、南京市；位列企业知识产权管理标准化和战略推进计划数前三位的依次是苏州市、南京市、泰州市。4个三级指标指数排名后三位的除了泰州市，均是苏北城市。值得说明的是，苏州市知识产权管理机构人员数全省排名第2，其他3项指标均排在首位，表现突出（见表3-13）。

表3-13 2015年江苏专利管理环境指标指数

地区	管理指标		知识产权专项经费投入		知识产权管理机构人员数		知识产权强省建设试点示范县（市、区），园区数		企业知识产权管理标准化和战略推进计划数	
	指数	排名	指数	排名	指数	排名	指数	排名	指数	排名
南京市	0.580	2	0.265	4	1.000	1	0.545	3	0.510	2
无锡市	0.482	4	0.401	3	0.854	2	0.455	4	0.220	7
徐州市	0.296	7	0.015	11	0.805	4	0.364	7	0.000	13
常州市	0.372	5	0.114	6	0.561	7	0.455	4	0.360	4
苏州市	0.963	1	1.000	1	0.854	2	1.000	1	1.000	1
南通市	0.502	3	0.421	2	0.610	6	0.636	2	0.340	5
连云港市	0.173	12	0.000	13	0.439	8	0.182	11	0.070	9
淮安市	0.197	10	0.008	12	0.366	11	0.364	7	0.050	10
盐城市	0.180	11	0.066	8	0.268	12	0.364	7	0.020	12
扬州市	0.259	8	0.033	10	0.390	10	0.455	4	0.160	8
镇江市	0.335	6	0.191	5	0.634	5	0.273	10	0.240	6
泰州市	0.249	9	0.100	7	0.415	9	0.091	12	0.390	3
宿迁市	0.022	13	0.038	9	0.000	13	0.000	13	0.050	10

2.专利服务环境指标

1）指标设计

专利服务环境指标下设3个三级指标：每万件专利申请拥有知识产权服务机构数、专利申请代理率、平均每名专利代理人授权专利代理量（见图3-14）。

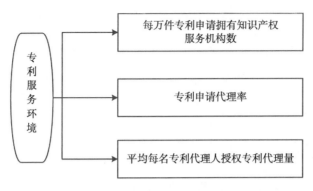

图 3-14　专利服务环境指标设计

2）专利服务环境指标分析

在专利服务环境指标中，位列每万件专利申请拥有知识产权服务机构数前三位的依次是南京市、徐州市、连云港市，位列专利申请代理率前三位的依次是宿迁市、扬州市、苏州市、连云港市，位列平均每名专利代理人授权专利代理量前三位的依次是淮安市、宿迁市、连云港市。可以看出，苏北地区专利服务环境较好，宿迁市专利申请代理率全省排名第 1，淮安市平均每名专利代理人授权专利代理量全省排名第 1（见表 3-14）。

表 3-14　2015 年江苏专利服务环境指标指数

地区	服务指标		每万件专利申请拥有知识产权服务机构数		专利申请代理率		平均每名专利代理人授权专利代理量	
	指数	排名	指数	排名	指数	排名	指数	排名
南京市	0.787	3	1.000	1	0.685	8	0.251	10
无锡市	0.482	6	0.411	6	0.842	5	0.335	8
徐州市	0.820	2	0.968	2	0.766	6	0.429	6
常州市	0.442	7	0.342	7	0.740	7	0.443	5
苏州市	0.537	4	0.495	4	0.845	3	0.355	7
南通市	0.352	9	0.418	5	0.252	11	0.251	10

续表

地区	服务指标		每万件专利申请拥有知识产权服务机构数		专利申请代理率		平均每名专利代理人授权专利代理量	
	指数	排名	指数	排名	指数	排名	指数	排名
连云港市	0.900	1	0.961	3	0.845	3	0.772	3
淮安市	0.263	10	0.000	13	0.313	10	1.000	1
盐城市	0.147	13	0.246	9	0.000	13	0.000	13
扬州市	0.389	8	0.231	10	0.923	2	0.327	9
镇江市	0.210	11	0.118	11	0.579	9	0.118	12
泰州市	0.152	12	0.051	12	0.098	12	0.507	4
宿迁市	0.528	5	0.248	8	1.000	1	0.896	2

3.专利人才环境指标

1）指标设计

专利人才环境指标下设5个三级指标：知识产权专业人才培训人数、知识产权工程师评定人数、通过全国专利代理人资格考试人数、知识产权高级人才数、有专利申请和授权的双创人才数（见图3-15）。

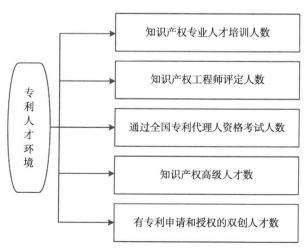

图3-15 专利人才环境指标设计

2）专利人才环境指标分析

在专利人才环境指标中，位列知识产权专业人才培训人数前三位的是无锡市、苏州市、常州市，位列知识产权工程师评定人数前三位的是泰州市、苏州市、无锡市，位列通过全国专利代理人资格考试人数、知识产权高级人才数2项指标前三位的均是南京市、苏州市、镇江市，有专利申请和授权的双创人才数指标中，无锡市、徐州市、苏州市3市并列第1，5项三级指标指数排名后三位绝大部分是苏北城市（见表3-15）。

表3-15　2015年江苏专利人才环境指标指数

地区	人才指标		知识产权专业人才培训人数		知识产权工程师评定人数		通过全国专利代理人资格考试人数		知识产权高级人才数		有专利申请和授权的双创人才数	
	指数	排名	指数	排名	指数	排名	指数	排名	指数	排名	指数	排名
南京市	0.696	1	0.331	4	0.217	6	1.000	1	1.000	1	0.625	6
无锡市	0.469	3	1.000	1	0.652	3	0.064	6	0.033	5	1.000	1
徐州市	0.214	7	0.031	11	0.087	7	0.083	5	0.000	9	1.000	1
常州市	0.232	5	0.447	3	0.304	4	0.115	4	0.033	5	0.375	7
苏州市	0.538	2	0.938	2	0.739	2	0.192	2	0.167	2	1.000	1
南通市	0.158	8	0.078	7	0.043	9	0.038	8	0.000	9	0.750	5
连云港市	0.040	10	0.000	13	0.043	9	0.019	10	0.033	5	0.125	10
淮安市	0.026	13	0.022	12	0.087	7	0.006	11	0.033	5	0.000	13
盐城市	0.028	12	0.043	10	0.000	12	0.000	12	0.000	9	0.125	10
扬州市	0.223	6	0.067	8	0.304	4	0.045	7	0.000	9	0.875	4
镇江市	0.146	9	0.243	5	0.000	12	0.141	3	0.100	3	0.250	9
泰州市	0.277	4	0.155	6	1.000	1	0.032	9	0.067	4	0.375	7
宿迁市	0.036	11	0.046	9	0.043	9	0.000	12	0.000	9	0.125	10

第四章 地区专利实力分项指标分析

一、南京市专利实力分项指标分析

2015年南京市专利实力指数0.724，全省排名第1。如图4-1所示，南京市专利创造、专利运用、专利保护和专利环境4项一级指标发展不均衡，专利运用指标指数要高于专利创造指标指数、专利保护指标指数和专利环境指标指数。

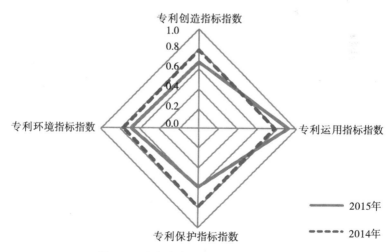

图4-1 南京市专利实力一级指标指数

2015年南京市专利运用指标指数最高，为0.925，全省排名第1，专利运用数量和专利运用效果2项二级指标均全省排名第1，其中专利运用效果相比2014年提升了1个位次，5项三级指标除知识产权质押融资金额全省排名第4，其他4项指标均排名首位。2015年，南京市启动南京高校技术（知识产权）运营交易平台，开展专利运营、评估、质押融资等各种专利交易活动，与江苏银行等金融机构合作，推出中小企业知识产权质押贷款金额产品，完成知识产权质押融资2.1亿元。

2015年南京市专利保护指标指数最低，为0.591，全省排名第3，下降了1个位次，专利行政保护和专利司法保护2项二级指标全省排名分别是第3和第6，分别下降了1个和4个位次，5项三级指标中，法院审结"三审合一"知识产权刑事试点案件量全省排名第9，下降了5个位次，查处专利侵权纠纷和假冒专利案件量全省排名第2，提升了4个位次。

2015年南京市专利创造指标指数0.660，全省排名第2，下降了1个位次，专利创造数量、专利创造质量和专利创造效率3项二级指标全省排名分别是第3、第1、第3，17项三级指标中，有10个指标全省排名前三位。

2015年南京市专利环境指标指数0.695，全省排名第1，提升了1个位次，专利管理环境、专利服务环境和专利人才环境3项二级指标全省排名分别是第2、第3、第1，12项三级指标中，平均每名专利代理人授权专利代理量全省排名第11，知识产权工程师评定人数全省排名第6，下降了5个位次（见表4-1）。

表4-1 南京市专利实力分项指标指数

序号	指标	2015年		2014年	
		指数	排名	指数	排名
	专利实力	**0.724**	**1**	**0.785**	**1**
	专利创造	**0.660**	**2**	**0.784**	**1**
	数量	0.495	3	0.587	2

续表

序号	指标	2015年		2014年	
		指数	排名	指数	排名
1	专利申请量	0.536	3	/	/
2	专利授权量	0.402	3	/	/
3	发明专利授权量	0.782	2	1.000	1
4	PCT国际专利申请量	0.291	3	0.354	2
5	战略性新兴产业专利授权量	0.782	2	0.813	2
6	有发明专利申请高企数占高企总数比例	0.176	8	/	/
	质量	0.786	1	0.932	1
7	发明专利授权量占比	1.000	1	1.000	1
8	有发明专利授权规上企业数占有专利授权规上企业数比例	0.662	5	/	/
9	高质量专利占授权发明专利比例	0.399	7	0.676	7
10	发明专利授权率	0.912	2	1.000	1
11	专利获奖数量	1.000	1	1.000	1
	效率	0.630	3	0.750	1
12	每万人有效发明专利量	1.000	1	1.000	1
13	每百双创人才发明专利申请与授权量	0.094	4	0.344	4
14	每亿元GDP规上企业发明专利授权量	0.332	6	/	/
15	每千万元研发经费发明专利申请量	0.786	4	0.904	3
16	每亿元高新技术产业产值发明专利授权量	1.000	1	/	/
17	每亿美元出口额PCT国际专利申请量	0.123	5	0.357	6
	专利运用	**0.925**	**1**	**0.783**	**1**
	数量	1.000	1	1.000	1
18	专利实施许可合同备案量	1.000	1	1.000	1
19	专利实施许可合同备案涉及专利量	1.000	1	1.000	1
	效果	0.875	1	0.638	2
20	专利运营和转化实施项目数	1.000	1	1.000	1
21	重大科技成果转化项目数	1.000	1	0.571	6

序号	指标	2015年		2014年	
		指数	排名	指数	排名
22	知识产权质押融资金额	0.625	4	0.342	7
	专利保护	**0.591**	**3**	**0.795**	**2**
	行政保护	0.707	3	0.741	2
23	查处专利侵权纠纷和假冒专利案件量	0.773	2	0.666	6
24	"正版正货"承诺企业数量	0.620	3	0.841	3
25	维权援助中心举报投诉受理量	0.000	8	/	/
	司法保护	0.416	6	0.875	2
26	法院审结知识产权民事一审案件量	0.639	2	1.000	1
27	法院审结"三审合一"知识产权刑事试点案件量	0.192	9	0.750	4
	专利环境	**0.695**	**1**	**0.774**	**2**
	管理	0.580	2	0.782	2
28	知识产权专项经费投入	0.265	4	0.241	4
29	知识产权管理机构人员数	1.000	1	1.000	1
30	知识产权强省建设试点示范县（市、区），园区数	0.545	3	0.889	3
31	企业知识产权管理标准化和战略推进计划数	0.510	2	1.000	1
	服务	0.787	3	0.836	2
32	每万件专利申请拥有知识产权服务机构数	1.000	1	0.918	2
33	专利申请代理率	0.685	8	0.704	10
34	平均每名专利代理人授权专利代理量	0.251	11	/	/
	人才	0.696	1	0.717	2
35	知识产权专业人才培训人数	0.331	4	0.488	3
36	知识产权工程师评定人数	0.217	6	1.000	1
37	通过全国专利代理人资格考试人数	1.000	1	0.693	2
38	知识产权高级人才数	1.000	1	1.000	1
39	有专利申请和授权的双创人才数	0.625	6	0.426	2

二、无锡市专利实力分项指标分析

2015年无锡市专利实力指数0.597，全省排名第3。如图4-2所示，无锡市专利创造、专利运用、专利保护和专利环境4项一级指标发展不均衡，专利保护指标指数要高于专利创造指标指数、专利运用指标指数和专利环境指标指数。

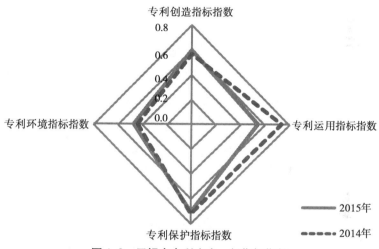

图4-2 无锡市专利实力一级指标指数

2015年无锡市专利保护指标指数最高，为0.708，全省排名第2，提升了1个位次，专利行政保护和专利司法保护2项二级指标全省排名分别是第1和第3，其中专利行政保护提升了2个位次。2015年无锡市专利行政执法成效显著，组建了市专利侵权判定咨询专家库，成立了市知识产权纠纷人民调解委员会，推动知识产权维权援助无锡中心建立三个分支机构，积极探索电商领域"正版正货"工作，4家网上商城列入市级"正版正货"示范创建培育。

2015年无锡市专利环境指标指数最低，为0.477，全省排名第3，专利管理环境、专利服务环境和专利人才环境3项二级指标全省排名分别是第4、第6、第3，12项三级指标中，知识产权管理机构人员数全省排名第2，提升8个位次，通过全国专利代理人资格考试人数全省排名第6，下降了3个位次。

2015年无锡市专利创造指标指数0.597，全省排名第3，专利创造数量、专利创造质量和专利创造效率3项二级指标全省排名分别是第2、第4、第1，其中专利创造效率指标提升了2个位次，17项三级指标全省排名波动在3个位次内。

2015年无锡市专利运用指标指数0.546，全省排名第2，专利运用数量和专利运用效果2项二级指标全省排名分别是第4和第2，分别下降了2个和1个位次，5项三级指标中，重大科技成果转化项目数、知识产权质押融资金额2项指标均从排名第1降至第3位（见表4-2）。

表4-2 无锡市专利实力分项指标指数

序号	指标	2015年		2014年	
		指数	排名	指数	排名
	专利实力	0.597	3	0.644	3
	专利创造	0.597	3	0.560	3
	数量	0.525	2	0.445	3
1	专利申请量	0.547	2	/	/
2	专利授权量	0.519	2	/	/
3	发明专利授权量	0.514	3	0.524	3
4	PCT国际专利申请量	0.284	4	0.277	4
5	战略性新兴产业专利授权量	0.540	3	0.513	3
6	有发明专利申请高企数占高企总数比例	0.746	3	/	/
	质量	0.541	4	0.595	4
7	发明专利授权量占比	0.473	4	0.381	2

续表

序号	指标	2015年		2014年	
		指数	排名	指数	排名
8	有发明专利授权规上企业数占有专利授权规上企业数比例	0.840	2	/	/
9	高质量专利占授权发明专利比例	0.438	5	0.624	8
10	发明专利授权率	0.530	5	0.470	4
11	专利获奖数量	0.323	3	0.657	3
	效率	0.706	1	0.597	3
12	每万人有效发明专利量	0.761	3	0.719	3
13	每百双创人才发明专利申请与授权量	1.000	1	0.548	3
14	每亿元GDP规上企业发明专利授权量	0.779	2	/	/
15	每千万元研发经费发明专利申请量	0.879	3	0.832	4
16	每亿元高新技术产业产值发明专利授权量	0.576	2	/	/
17	每亿美元出口额PCT国际专利申请量	0.059	9	0.162	9
	专利运用	**0.546**	**2**	**0.738**	**2**
	数量	0.643	4	0.721	2
18	专利实施许可合同备案量	0.566	3	0.634	2
19	专利实施许可合同备案涉及专利量	0.720	4	0.809	4
	效果	0.482	2	0.750	1
20	专利运营和转化实施项目数	0.250	2	0.250	2
21	重大科技成果转化项目数	0.565	3	1.000	1
22	知识产权质押融资金额	0.630	3	1.000	1
	专利保护	**0.708**	**2**	**0.720**	**3**
	行政保护	0.801	1	0.715	3
23	查处专利侵权纠纷和假冒专利案件量	0.652	4	0.605	7
24	"正版正货"承诺企业数量	1.000	1	0.977	2
25	维权援助中心举报投诉受理量	0.615	5	0.542	5
	司法保护	0.568	3	0.728	3
26	法院审结知识产权民事一审案件量	0.520	3	0.456	4

序号	指标	2015年		2014年	
		指数	排名	指数	排名
27	法院审结"三审合一"知识产权刑事试点案件量	0.615	4	1.000	1
	专利环境	**0.477**	**3**	**0.443**	**3**
	管理	0.482	4	0.351	7
28	知识产权专项经费投入	0.401	3	0.384	3
29	知识产权管理机构人员数	0.854	2	0.381	10
30	知识产权强省建设试点示范县（市、区），园区数	0.455	4	0.222	10
31	企业知识产权管理标准化和战略推进计划数	0.220	7	0.417	6
	服务	0.482	6	0.599	5
32	每万件专利申请拥有知识产权服务机构数	0.411	6	0.513	6
33	专利申请代理率	0.842	5	0.859	5
34	平均每名专利代理人授权专利代理量	0.335	8	/	/
	人才	0.469	3	0.376	3
35	知识产权专业人才培训人数	1.000	1	0.809	2
36	知识产权工程师评定人数	0.652	3	0.640	3
37	通过全国专利代理人资格考试人数	0.064	6	0.187	3
38	知识产权高级人才数	0.033	5	0.036	4
39	有专利申请和授权的双创人才数	1.000	1	0.397	3

三、徐州市专利实力分项指标分析

2015年徐州市专利实力指数0.276，全省排名第8，提升了1个位次。如图4-3所示，徐州市专利创造、专利运用、专利保护和专利环境4项一级指标发展不均衡，专利环境指标指数明显高于专利创造指标指数、专利运用指标指数和专利保护指标指数。

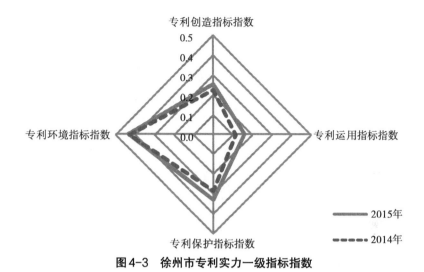

图4-3 徐州市专利实力一级指标指数

2015年徐州市专利环境指标指数最高，为0.438，全省排名第4。专利管理环境、专利服务环境和专利人才环境3项二级指标全省排名分别是第7、第2、第7，其中专利人才环境提升了3个位次，12项三级指标全省排名波动比较明显，4项专利管理环境三级指标下降了1~4个位次不等，5项专利人才环境三级指标中，知识产权专业人才培训人数全省排名第11，下降了3个位次，其他4项指标则分别提升了5个、1个、0个、8个位次。

2015年徐州市专利运用指标指数最低，为0.162，全省排名第9，提升了1个位次，专利运用数量和专利运用效果2项二级指标全省排名分别是第11和第8，分别提升了1个和2个位次，5项三级指标全省排名保持不变或者有所提升，其中，专利运营和转化实施项目数全省排名第2，提升了7个位次，表现较好。2015年，苏北首期专利运营培训班在徐州开班，来自当地装备制造业、能源、化工等主导产业的企业以及省局贯标示范创建单位、知识产权服务和管理机构近140人参加了培训，为企业加快实现专利权的资本化市场化、及时把专利成果转化为现实生产力提供了重要借鉴。

2015年徐州市专利创造指标指数0.253，全省排名第8，提升了1个位次，专利创造数量、专利创造质量和专利创造效率3项二级指标全省排名分别是第10、第7、第8，17项三级指标中，除战略性新兴产业专利授权量全省排名下降了1个位次外，其他指标全省排名保持不变或者有所提升，其中高质量专利占授权发明专利比例、发明专利授权率2项指标全省排名分别是第6和第3，提升了6个和5个位次。

2015年徐州市专利保护指标指数0.329，全省排名第7，提升了3个位次，专利行政保护和专利司法保护2项二级指标全省排名分别是第10和第4，5项三级指标中，3项专利行政保护指标均提升了1个位次，2项专利司法保护指标全省排名与2014年保持一致（见表4-3）。

表4-3 徐州市专利实力分项指标指数

序号	指标	2015年		2014年	
		指数	排名	指数	排名
	专利实力	0.276	8	0.240	9
	专利创造	0.253	8	0.224	9
	数量	0.109	10	0.126	10
1	专利申请量	0.065	11	/	/
2	专利授权量	0.060	10	/	/
3	发明专利授权量	0.108	7	0.114	7
4	PCT国际专利申请量	0.189	5	0.116	6
5	战略性新兴产业专利授权量	0.140	7	0.157	6
6	有发明专利申请高企数占高企总数比例	0.090	12	/	/
	质量	0.411	7	0.315	10
7	发明专利授权量占比	0.450	5	0.284	6
8	有发明专利授权规上企业数占有专利授权规上企业数比例	0.172	8	/	/
9	高质量专利占授权发明专利比例	0.422	6	0.245	12

续表

序号	指标	2015年		2014年	
		指数	排名	指数	排名
10	发明专利授权率	0.618	3	0.356	8
11	专利获奖数量	0.172	6	0.140	6
	效率	0.173	8	0.187	9
12	每万人有效发明专利量	0.082	9	0.069	10
13	每百双创人才发明专利申请与授权量	0.108	3	0.199	6
14	每亿元GDP规上企业发明专利授权量	0.000	13	/	/
15	每千万元研发经费发明专利申请量	0.078	12	0.108	12
16	每亿元高新技术产业产值发明专利授权量	0.125	7	/	/
17	每亿美元出口额PCT国际专利申请量	1.000	1	1.000	1
	专利运用	0.162	9	0.117	10
	数量	0.127	11	0.087	12
18	专利实施许可合同备案量	0.157	8	0.074	12
19	专利实施许可合同备案涉及专利量	0.097	11	0.099	12
	效果	0.186	8	0.137	10
20	专利运营和转化实施项目数	0.250	2	0.001	9
21	重大科技成果转化项目数	0.043	9	0.001	9
22	知识产权质押融资金额	0.263	6	0.410	6
	专利保护	0.329	7	0.284	10
	行政保护	0.203	10	0.119	11
23	查处专利侵权纠纷和假冒专利案件量	0.190	8	0.217	9
24	"正版正货"承诺企业数量	0.221	9	0.068	10
25	维权援助中心举报投诉受理量	0.000	8	0.001	9
	司法保护	0.517	4	0.530	4
26	法院审结知识产权民事一审案件量	0.149	8	0.092	8
27	法院审结"三审合一"知识产权刑事试点案件量	0.885	2	0.969	2

序号	指标	2015年		2014年	
		指数	排名	指数	排名
	专利环境	0.438	4	0.430	4
	管理	0.296	7	0.399	6
28	知识产权专项经费投入	0.015	11	0.081	7
29	知识产权管理机构人员数	0.805	4	0.833	3
30	知识产权强省建设试点示范县（市、区），园区数	0.364	7	0.667	4
31	企业知识产权管理标准化和战略推进计划数	0.000	13	0.014	12
	服务	0.820	2	0.910	1
32	每万件专利申请拥有知识产权服务机构数	0.968	2	1.000	1
33	专利申请代理率	0.766	6	0.843	7
34	平均每名专利代理人授权专利代理量	0.429	6	/	/
	人才	0.214	7	0.051	10
35	知识产权专业人才培训人数	0.031	11	0.088	8
36	知识产权工程师评定人数	0.087	7	0.001	12
37	通过全国专利代理人资格考试人数	0.083	5	0.079	6
38	知识产权高级人才数	0.000	9	0.001	9
39	有专利申请和授权的双创人才数	1.000	1	0.059	9

四、常州市专利实力分项指标分析

2015年常州市专利实力指数0.379，全省排名第4，提升了1个位次。如图4-4所示，常州市专利创造、专利运用、专利保护和专利环境4项一级指标发展比较均衡，专利创造指标指数和专利保护指标指数略高于专利运用指标指数和专利环境指标指数。

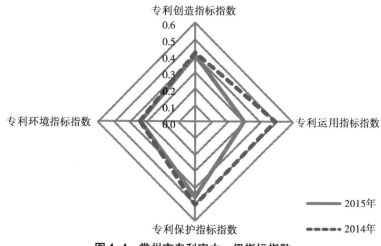

专利创造指标指数

专利环境指标指数

专利运用指标指数

专利保护指标指数

2015年
2014年

图4-4　常州市专利实力一级指标指数

2015年常州市专利保护指标指数最高，为0.459，全省排名第4，提升了1个位次，专利行政保护和专利司法保护2项二级指标全省排名均为第5，分别提升了2个和1个位次，5项三级指标中，查处专利侵权纠纷和假冒专利案件量全省排名第5，下降了3个位次，其他4项指标全省排名保持不变或者有所提升。2015年，常州市进一步规范专利行政执法，制定《常州市专利行政执法巡回审理庭书记员管理暂行办法》，市知识产权局、维权援助中心与常州买东西网络科技有限公司签订《电子商务领域专利执法维权合作协议书》。

2015年常州市专利运用指标指数最低，为0.301，全省排名第7，下降了2个位次，专利运用数量和专利运用效果2项二级指标均全省排名第7，都下降了1个位次，5项三级指标中，专利实施许可合同备案量、专利运营和转化实施项目数、重大科技成果转化项目数3项指标分别下降了2个、3个、2个位次。

2015年常州市专利创造指标指数0.400，全省排名第5，专利创造数量、专利创造质量和专利创造效率3项二级指标全省排名分别是第6、第6、第5，17项三级指标中，每百双创人才发明专利申请与授权量全省排名第5，提升了7个位次。

2015年常州市专利环境指标指数0.339，全省排名第6，提升了2个位次，专利管理环境、专利服务环境和专利人才环境3项二级指标全省排名分别是第5、第7、第5，12项三级指标全省排名分布在3位到7位不等，其中知识产权强省建设试点示范县（市、区），园区数；知识产权工程师评定人数2项指标均排名第4，分别提升了4个和8个位次，专利申请代理率全省排名第7，下降了5个位次（见表4-4）。

表4-4　常州市专利实力分项指标指数

序号	指标	2015年		2014年	
		指数	排名	指数	排名
	专利实力	0.379	4	0.454	5
	专利创造	0.400	5	0.415	5
	数量	0.258	6	0.256	6
1	专利申请量	0.348	4	/	/
2	专利授权量	0.288	5	/	/
3	发明专利授权量	0.240	5	0.311	4
4	PCT国际专利申请量	0.161	6	0.159	5
5	战略性新兴产业专利授权量	0.361	4	0.387	4
6	有发明专利申请高企数占高企总数比例	0.150	9	/	/
	质量	0.445	6	0.468	6
7	发明专利授权量占比	0.340	6	0.348	5
8	有发明专利授权规上企业数占有专利授权规上企业数比例	0.444	7	/	/
9	高质量专利占授权发明专利比例	0.646	3	0.726	6
10	发明专利授权率	0.470	8	0.406	5
11	专利获奖数量	0.177	5	0.119	7

续表

序号	指标	2015年		2014年	
		指数	排名	指数	排名
	效率	0.446	5	0.462	5
12	每万人有效发明专利量	0.553	5	0.534	4
13	每百双创人才发明专利申请与授权量	0.063	5	0.021	12
14	每亿元GDP规上企业发明专利授权量	0.563	3	/	/
15	每千万元研发经费发明专利申请量	0.772	6	0.678	5
16	每亿元高新技术产业产值发明专利授权量	0.307	5	/	/
17	每亿美元出口额PCT国际专利申请量	0.086	8	0.220	8
	专利运用	**0.301**	**7**	**0.492**	**5**
	数量	0.465	7	0.583	6
18	专利实施许可合同备案量	0.358	7	0.500	5
19	专利实施许可合同备案涉及专利量	0.572	5	0.667	6
	效果	0.192	7	0.432	6
20	专利运营和转化实施项目数	0.000	7	0.250	4
21	重大科技成果转化项目数	0.478	5	0.714	3
22	知识产权质押融资金额	0.097	8	0.331	8
	专利保护	**0.459**	**4**	**0.503**	**5**
	行政保护	0.476	5	0.545	7
23	查处专利侵权纠纷和假冒专利案件量	0.607	5	0.857	2
24	"正版正货"承诺企业数量	0.301	7	0.284	8
25	维权援助中心举报投诉受理量	0.173	7	0.313	8
	司法保护	0.435	5	0.441	6
26	法院审结知识产权民事一审案件量	0.370	5	0.382	5
27	法院审结"三审合一"知识产权刑事试点案件量	0.500	5	0.500	8

续表

序号	指标	2015年		2014年	
		指数	排名	指数	排名
	专利环境	0.339	6	0.345	8
	管理	0.372	5	0.421	5
28	知识产权专项经费投入	0.114	6	0.132	6
29	知识产权管理机构人员数	0.561	7	0.595	6
30	知识产权强省建设试点示范县（市、区），园区数	0.455	4	0.333	8
31	企业知识产权管理标准化和战略推进计划数	0.360	4	0.625	4
	服务	0.442	7	0.507	7
32	每万件专利申请拥有知识产权服务机构数	0.342	7	0.241	10
33	专利申请代理率	0.740	7	0.996	2
34	平均每名专利代理人授权专利代理量	0.443	5	/	/
	人才	0.232	5	0.158	5
35	知识产权专业人才培训人数	0.447	3	0.474	4
36	知识产权工程师评定人数	0.304	4	0.001	12
37	通过全国专利代理人资格考试人数	0.115	4	0.162	4
38	知识产权高级人才数	0.033	5	0.036	4
39	有专利申请和授权的双创人才数	0.375	7	0.118	7

五、苏州市专利实力分项指标分析

2015年苏州市专利实力指数0.660，全省排名第2。如图4-5所示，苏州市专利创造、专利运用、专利保护和专利环境4项一级指标发展不均衡，专利运用指标指数明显低于专利创造指标指数、专利保护指标指数和专利环境指标指数。

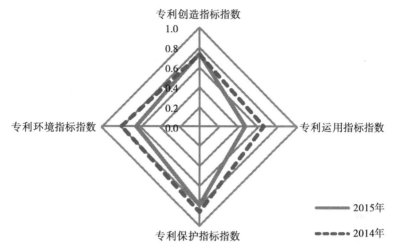

图4-5 苏州市专利实力一级指标指数

　　2015年苏州市专利保护指标指数最高，为0.793，全省排名第1，专利行政保护和专利司法保护2项二级指标全省排名分别是第2和第1，5项三级指标全省排名保持不变或者有所提升。

　　2015年苏州市专利运用指标指数最低，为0.470，全省排名第3，专利运用数量和专利运用效果2项二级指标分别全省排名第2和第4，5项三级指标中，除知识产权质押融资金额全省排名第10外，其他4项指标全省排名均为第2。

　　2015年苏州市专利创造指标指数0.732，全省排名第1，提升了1个位次，专利创造数量、专利创造质量和专利专利创造效率3项二级指标全省排名分别是第1、第2、第2，17项三级指标中，有8项全省排名均是第1。2015年，苏州市发明专利申请和授权量、PCT国际专利申请量3项指标均位列全国大中城市第4，2项专利获中国外观设计金奖，18项专利获中国专利优秀奖，获奖数量和质量再创历史新高。

　　2015年苏州市专利环境指标指数0.651，全省排名第2，下降了1个位次，专利管理环境、专利服务环境和专利人才环境3项二级指标全省排名分别是第1、第4、第2，12项三级指标中，知识产权专项经费投入；知识产权强省建设试点示范县（市、区），园区数；企业知识产权管理标准化和战略推进计划数，有专利申请和授权的双创人才数4项指标均排名第1。2015年，苏州市继续名列全国示范城市先进行列，张家港市成为继常熟市、昆山市之后第三个国家知识产权示范城市，太仓市国家知识产权试点城市工作进入全面推进和总结验收准备阶段，张家港市保税区等7家省级知识产权试点园区全部通过验收（见表4-5）。

表4-5　苏州市专利实力分项指标指数

序号	指标	2015年		2014年	
		指数	排名	指数	排名
	专利实力	**0.660**	**2**	**0.757**	**2**
	专利创造	**0.732**	**1**	**0.722**	**2**
	数量	0.913	1	0.921	1
1	专利申请量	1.000	1	/	/
2	专利授权量	1.000	1	/	/
3	发明专利授权量	1.000	1	1.000	2
4	PCT国际专利申请量	1.000	1	1.000	1
5	战略性新兴产业专利授权量	1.000	1	1.000	1
6	有发明专利申请高企数占高企总数比例	0.478	6	/	/
	质量	0.682	2	0.650	3
7	发明专利授权量占比	0.515	3	0.362	4
8	有发明专利授权规上企业数占有专利授权规上企业数比例	0.677	4	/	/
9	高质量专利占授权发明专利比例	1.000	1	1.000	1
10	发明专利授权率	0.503	6	0.400	7

续表

序号	指标	2015年		2014年	
		指数	排名	指数	排名
11	专利获奖数量	0.927	2	0.937	2
	效率	0.666	2	0.670	2
12	每万人有效发明专利量	0.825	2	0.725	2
13	每百双创人才发明专利申请与授权量	0.022	8	0.486	3
14	每亿元GDP规上企业发明专利授权量	1.000	1	/	/
15	每千万元研发经费发明专利申请量	1.000	1	1.000	1
16	每亿元高新技术产业产值发明专利授权量	0.476	3	/	/
17	每亿美元出口额PCT国际专利申请量	0.025	11	0.126	10
	专利运用	**0.470**	**3**	**0.658**	**3**
	数量	0.721	2	0.702	3
18	专利实施许可合同备案量	0.597	2	0.550	3
19	专利实施许可合同备案涉及专利量	0.844	2	0.855	3
	效果	0.302	4	0.628	3
20	专利运营和转化实施项目数	0.250	2	0.750	2
21	重大科技成果转化项目数	0.609	2	0.929	2
22	知识产权质押融资金额	0.048	10	0.206	9
	专利保护	**0.793**	**1**	**0.865**	**1**
	行政保护	0.745	2	0.806	1
23	查处专利侵权纠纷和假冒专利案件量	1.000	1	1.000	1
24	"正版正货"承诺企业数量	0.405	4	0.750	4
25	维权援助中心举报投诉受理量	0.750	4	0.500	6
	司法保护	0.865	1	0.953	1
26	法院审结知识产权民事一审案件量	1.000	1	0.984	2
27	法院审结"三审合一"知识产权刑事试点案件量	0.731	3	0.922	3

续表

序号	指标	2015年		2014年	
		指数	排名	指数	排名
	专利环境	0.651	2	0.800	1
	管理	0.963	1	0.901	1
28	知识产权专项经费投入	1.000	1	1.000	1
29	知识产权管理机构人员数	0.854	2	0.881	2
30	知识产权强省建设试点示范县（市、区），园区数	1.000	1	1.000	1
31	企业知识产权管理标准化和战略推进计划数	1.000	1	0.722	3
	服务	0.537	4	0.754	4
32	每万件专利申请拥有知识产权服务机构数	0.495	4	0.706	4
33	专利申请代理率	0.845	3	0.833	8
34	平均每名专利代理人授权专利代理量	0.355	7	/	/
	人才	0.538	2	0.770	1
35	知识产权专业人才培训人数	0.938	2	1.000	1
36	知识产权工程师评定人数	0.739	2	0.480	5
37	通过全国专利代理人资格考试人数	0.192	2	1.000	1
38	知识产权高级人才数	0.167	2	0.143	2
39	有专利申请和授权的双创人才数	1.000	1	1.000	1

六、南通市专利实力分项指标分析

2015年南通市专利实力指数0.368，全省排名第5，下降了1个位次。如图4-6所示，南通市专利创造、专利运用、专利保护和专利环境4项一级指标发展比较均衡，专利保护指标指数略高于专利创造指标指数、专利运用指标指数和专利环境指标指数。

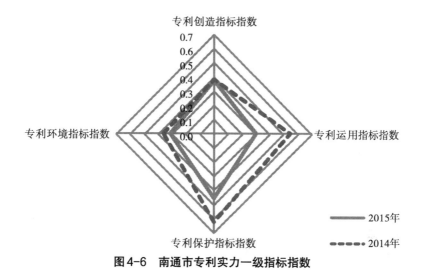

图4-6 南通市专利实力一级指标指数

　　2015年南通市专利保护指标指数最高，为0.455，全省排名第5，下降了1个位次，专利行政保护和专利司法保护2项二级指标全省排名分别是第4和第7，其中专利司法保护指标下降了2个位次，5项三级指标中，除查处专利侵权纠纷和假冒专利案件量全省排名没有变动外，其他4项指标全省排名均下降了1个位次。

　　2015年南通市专利运用指标指数最低，为0.304，全省排名第6，下降了2个位次，专利运用数量和专利运用效果2项二级指标分别全省排名第5和第10，其中专利运用效果指标下降了5个位次，降幅明显，5项三级指标中，专利实施许可合同备案涉及专利量、重大科技成果转化项目数、知识产权质押融资金额3项指标分别下降了2个、3个、3个位次。

　　2015年南通市专利创造指标指数0.372，全省排名第6，专利创造数量、专利创造质量和专利创造效率3项二级指标全省排名分别是第4、第8、第6，17项三级指标中，发明专利授权率全省排名第7，提升了4个位次，每百双创人才发明专利申请与授权量全省排名第10，下降了5个位次。有发明专利申请高企数占高企总数比例、有发明专利授权规上企业数占有专利授权规上企业数比例2项指标分别排名第2和第3，表现较好。2015年，南通市创新企业知识产权工作分类指导新模式，出台《南通市专利消零企业认定管理办法》《南通市专利强企试点、示范企业认定管理办法》，率先探索专利消零企业、专利强企试点示范培育工作，已培育专利消零企业283家，专利强企试点企业145家、示范企业24家。

2015年南通市专利环境指标指数0.314，全省排名第7，下降了2个位次，专利管理环境、专利服务环境和专利人才环境3项二级指标全省排名分别是第3、第9、第8，12项三级指标中，企业知识产权管理标准化和战略推进计划数全省排名第5，提升了5个位次，知识产权工程师评定人数全省排名第9，下降了3个位次（见表4-6）。

表4-6 南通市专利实力分项指标指数

序号	指标	2015年		2014年	
		指数	排名	指数	排名
	专利实力	0.368	5	0.502	4
	专利创造	0.372	6	0.381	6
	数量	0.407	4	0.351	4
1	专利申请量	0.307	5	/	/
2	专利授权量	0.365	4	/	/
3	发明专利授权量	0.197	6	0.163	6
4	PCT国际专利申请量	0.413	2	0.302	3
5	战略性新兴产业专利授权量	0.195	5	0.174	5
6	有发明专利申请高企数占高企总数比例	0.964	2	/	/
	质量	0.366	8	0.407	7
7	发明专利授权量占比	0.193	7	0.262	7
8	有发明专利授权规上企业数占有专利授权规上企业数比例	0.708	3	/	/

续表

序号	指标	2015年		2014年	
		指数	排名	指数	排名
9	高质量专利占授权发明专利比例	0.074	12	0.489	9
10	发明专利授权率	0.490	7	0.231	11
11	专利获奖数量	0.240	4	0.231	4
	效率	0.355	6	0.372	6
12	每万人有效发明专利量	0.436	6	0.438	6
13	每百双创人才发明专利申请与授权量	0.010	10	0.259	5
14	每亿元GDP规上企业发明专利授权量	0.530	4	/	/
15	每千万元研发经费发明专利申请量	0.282	9	0.221	10
16	每亿元高新技术产业产值发明专利授权量	0.194	6	/	/
17	每亿美元出口额PCT国际专利申请量	0.342	2	0.470	3
	专利运用	**0.304**	**6**	**0.549**	**4**
	数量	0.515	5	0.604	5
18	专利实施许可合同备案量	0.509	4	0.505	4
19	专利实施许可合同备案涉及专利量	0.521	7	0.703	5
	效果	0.163	10	0.513	5
20	专利运营和转化实施项目数	0.000	7	0.001	9
21	重大科技成果转化项目数	0.217	7	0.643	4
22	知识产权质押融资金额	0.270	5	0.895	2
	专利保护	**0.455**	**5**	**0.626**	**4**
	行政保护	0.517	4	0.695	4
23	查处专利侵权纠纷和假冒专利案件量	0.675	3	0.792	3
24	"正版正货"承诺企业数量	0.307	6	0.364	5
25	维权援助中心举报投诉受理量	0.923	2	1.000	1
	司法保护	0.363	7	0.521	5
26	法院审结知识产权民事一审案件量	0.418	4	0.495	3

续表

序号	指标	2015年		2014年	
		指数	排名	指数	排名
27	法院审结"三审合一"知识产权刑事试点案件量	0.308	8	0.547	7
	专利环境	**0.314**	**7**	**0.363**	**5**
	管理	0.502	3	0.558	3
28	知识产权专项经费投入	0.421	2	0.520	2
29	知识产权管理机构人员数	0.610	6	0.643	5
30	知识产权强省建设试点示范县（市、区），园区数	0.636	2	1.000	1
31	企业知识产权管理标准化和战略推进计划数	0.340	5	0.069	10
	服务	0.352	9	0.501	8
32	每万件专利申请拥有知识产权服务机构数	0.418	5	0.576	5
33	专利申请代理率	0.252	11	0.555	11
34	平均每名专利代理人授权专利代理量	0.251	10	/	/
	人才	0.158	8	0.118	8
35	知识产权专业人才培训人数	0.078	7	0.100	7
36	知识产权工程师评定人数	0.043	9	0.320	6
37	通过全国专利代理人资格考试人数	0.038	8	0.062	7
38	知识产权高级人才数	0.000	9	0.001	9
39	有专利申请和授权的双创人才数	0.750	5	0.162	5

七、连云港市专利实力分项指标分析

2015年连云港市专利实力指数 0.187，全省排名第 10，提升了 1 个位次。如图 4-7 所示，连云港市专利创造、专利运用、专利保护和专利环境 4 项一级指标发展不均衡，专利创造指标指数和专利环境指标指数要明显高于专利运用指标指数和专利保护指标指数。

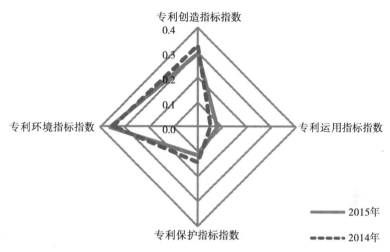

图4-7　连云港市专利实力一级指标指数

　　2015年连云港市专利环境指标指数最高，为0.362，全省排名第5，提升了2个位次，专利管理环境、专利服务环境和专利人才环境3项二级指标全省排名分别是第12、第1、第10，12项三级指标中，知识产权强省建设试点示范县（市、区），园区数全省排名第11，下降了5个位次；企业知识产权管理标准化和战略推进计划数全省排名第9，提升了4个位次。

　　2015年连云港市专利运用指标指数最低，为0.082，全省排名第11，提升了2个位次，专利运用数量和专利运用效果2项二级指标分别全省排名第8和第13，其中专利运用数量指标提升了5个位次，5项三级指标中，专利实施许可合同备案涉及专利量全省排名第8，提升了5个位次。

　　2015年连云港市专利创造指标指数0.295，全省排名第7，专利创造数量、专利创造质量和专利创造效率3项二级指标全省排名分别是第12、第3、第11，12项三级指标中，有发明专利授权规上企业数占有专利授权规上企业数比例、发明专利授权率2项指标全省排名第1，表现较好。2015年，连云港市聚焦医药产业开展高价值专利培育，加大对产业知识产权工作的扶持力度，推动医药产业实施知识产权战略，帮助企业培育高价值专利，全市有35项医药类专利被评为省高质量专利。

2015年连云港市专利保护指标指数为0.114，全省排名第12，提升了1个位次，专利行政保护和专利司法保护2项二级指标全省排名分别是第13和第10，其中专利司法保护指标下降了3个位次，5项三级指标全省排名波动在1个位次内（见表4-7）。

表4-7　连云港市专利实力分项指标指数

序号	指标	2015年		2014年	
		指数	排名	指数	排名
	专利实力	**0.187**	**10**	**0.192**	**11**
	专利创造	**0.295**	**7**	**0.326**	**7**
	数量	0.032	12	0.045	13
1	专利申请量	0.000	13	/	/
2	专利授权量	0.000	13	/	/
3	发明专利授权量	0.024	11	0.036	11
4	PCT国际专利申请量	0.051	8	0.043	10
5	战略性新兴产业专利授权量	0.020	12	0.019	12
6	有发明专利申请高企数占高企总数比例	0.100	11	/	/
	质量	0.622	3	0.664	2
7	发明专利授权量占比	0.190	8	0.109	10
8	有发明专利授权规上企业数占有专利授权规上企业数比例	1.000	1	/	/
9	高质量专利占授权发明专利比例	0.349	8	0.761	5
10	发明专利授权率	1.000	1	0.915	2
11	专利获奖数量	0.141	8	0.154	5
	效率	0.107	11	0.139	10

序号	指标	2015年		2014年	
		指数	排名	指数	排名
12	每万人有效发明专利量	0.078	10	0.082	9
13	每百双创人才发明专利申请与授权量	0.000	11	0.042	11
14	每亿元GDP规上企业发明专利授权量	0.181	7	/	/
15	每千万元研发经费发明专利申请量	0.000	13	0.148	11
16	每亿元高新技术产业产值发明专利授权量	0.077	9	/	/
17	每亿美元出口额PCT国际专利申请量	0.258	3	0.387	4
	专利运用	**0.082**	**11**	**0.051**	**13**
	数量	0.206	8	0.001	13
18	专利实施许可合同备案量	0.119	10	0.001	13
19	专利实施许可合同备案涉及专利量	0.292	8	0.001	13
	效果	0.000	13	0.084	12
20	专利运营和转化实施项目数	0.000	7	0.250	4
21	重大科技成果转化项目数	0.000	11	0.001	9
22	知识产权质押融资金额	0.000	12	0.003	12
	专利保护	**0.114**	**12**	**0.144**	**13**
	行政保护	0.037	13	0.005	13
23	查处专利侵权纠纷和假冒专利案件量	0.000	13	0.001	13
24	"正版正货"承诺企业数量	0.086	11	0.011	12
25	维权援助中心举报投诉受理量	0.000	8	/	/
	司法保护	0.231	10	0.352	7
26	法院审结知识产权民事一审案件量	0.000	13	0.001	13
27	法院审结"三审合一"知识产权刑事试点案件量	0.462	6	0.703	5
	专利环境	**0.362**	**5**	**0.349**	**7**
	管理	0.173	12	0.212	10

续表

序号	指标	2015年		2014年	
		指数	排名	指数	排名
28	知识产权专项经费投入	0.000	13	0.001	12
29	知识产权管理机构人员数	0.439	8	0.405	9
30	知识产权强省建设试点示范县（市、区），园区数	0.182	11	0.444	6
31	企业知识产权管理标准化和战略推进计划数	0.070	9	0.001	13
	服务	0.900	1	0.808	3
32	每万件专利申请拥有知识产权服务机构数	0.961	3	0.758	3
33	专利申请代理率	0.845	4	0.919	4
34	平均每名专利代理人授权专利代理量	0.772	3	/	/
	人才	0.040	10	0.057	9
35	知识产权专业人才培训人数	0.000	13	0.026	11
36	知识产权工程师评定人数	0.043	9	0.240	7
37	通过全国专利代理人资格考试人数	0.019	10	0.021	10
38	知识产权高级人才数	0.033	5	0.036	4
39	有专利申请和授权的双创人才数	0.125	10	0.001	13

八、淮安市专利实力分项指标分析

2015年淮安市专利实力指数0.160，全省排名第11，下降了1个位次。如图4-8所示，淮安市专利创造、专利运用、专利保护和专利环境4项一级指标发展不均衡，专利保护指标指数明显高于专利创造指标指数、专利运用指标指数和专利环境指标指数。

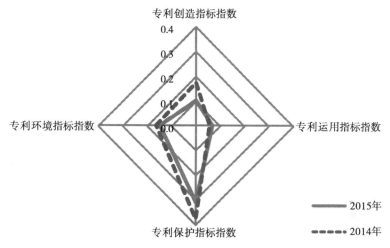

图4-8　淮安市专利实力一级指标指数

2015年淮安市专利保护指标指数最高，为0.307，全省排名第9，下降了1个位次，专利行政保护和专利司法保护2项二级指标全省排名均为第8，其中专利司法保护指标提升了2个位次，5项三级指标中，3项专利行政保护指标均下降了1个位次，2项专利司法保护指标则分别提升了6个和1个位次。

2015年淮安市专利运用指标指数最低，为0.068，全省排名第12，专利运用数量和专利运用效果2项二级指标分别全省排名第10和第12，5项三级指标中，2项专利运用数量指标均下降了1个位次。

2015年淮安市专利创造指标指数0.100，全省排名第13，下降了1个位次，专利创造数量、专利创造质量和专利创造效率3项二级指标全省排名分别是第11、第12、第10，17项三级指标中，有11项全省排名后三位。

2015年淮安市专利环境指标指数0.150，全省排名第12，专利管理环境、专利服务环境和专利人才环境3项二级指标全省排名分别是第10、第10、第13，12项三级指标中，知识产权强省建设试点示范县（市、区），园区数全省排名第7，提升了6个位次；知识产权管理机构人员数、专利申请代理率全省排名分别是第11和第10，均下降了4个位次（见表4-8）。

表4-8　淮安市专利实力分项指标指数

序号	指标	2015年		2014年	
		指数	排名	指数	排名
	专利实力	0.160	11	0.198	10
	专利创造	0.100	13	0.173	12
	数量	0.040	11	0.062	12
1	专利申请量	0.103	10	/	/
2	专利授权量	0.074	9	/	/
3	发明专利授权量	0.014	12	0.046	10
4	PCT国际专利申请量	0.017	11	0.002	12
5	战略性新兴产业专利授权量	0.036	11	0.043	11
6	有发明专利申请高企数占高企总数比例	0.000	13	/	/
	质量	0.104	12	0.279	11
7	发明专利授权量占比	0.000	13	0.137	9
8	有发明专利授权规上企业数占有专利授权规上企业数比例	0.040	12	/	/
9	高质量专利占授权发明专利比例	0.242	10	0.001	13
10	发明专利授权率	0.155	11	0.404	6
11	专利获奖数量	0.005	12	0.001	13
	效率	0.135	10	0.129	11
12	每万人有效发明专利量	0.049	11	0.043	11
13	每百双创人才发明专利申请与授权量	0.000	11	0.087	10
14	每亿元GDP规上企业发明专利授权量	0.027	12	/	/
15	每千万元研发经费发明专利申请量	0.775	5	0.662	7
16	每亿元高新技术产业产值发明专利授权量	0.050	10	/	/

续表

序号	指标	2015年		2014年	
		指数	排名	指数	排名
17	每亿美元出口额PCT国际专利申请量	0.106	6	0.021	11
	专利运用	**0.068**	**12**	**0.056**	**12**
	数量	0.146	10	0.141	9
18	专利实施许可合同备案量	0.094	11	0.084	10
19	专利实施许可合同备案涉及专利量	0.198	10	0.198	9
	效果	0.016	12	0.001	13
20	专利运营和转化实施项目数	0.000	7	0.001	9
21	重大科技成果转化项目数	0.000	11	0.001	9
22	知识产权质押融资金额	0.048	11	0.001	13
	专利保护	**0.307**	**9**	**0.376**	**8**
	行政保护	0.338	8	0.487	8
23	查处专利侵权纠纷和假冒专利案件量	0.113	11	0.105	10
24	"正版正货"承诺企业数量	0.638	2	1.000	1
25	维权援助中心举报投诉受理量	0.000	8	0.479	7
	司法保护	0.260	8	0.211	10
26	法院审结知识产权民事一审案件量	0.328	6	0.031	12
27	法院审结"三审合一"知识产权刑事试点案件量	0.192	9	0.391	10
	专利环境	**0.150**	**12**	**0.164**	**12**
	管理	0.197	10	0.143	12
28	知识产权专项经费投入	0.008	12	0.001	13
29	知识产权管理机构人员数	0.366	11	0.476	7
30	知识产权强省建设试点示范县(市、区),园区数	0.364	7	0.001	13
31	企业知识产权管理标准化和战略推进计划数	0.050	10	0.097	9
	服务	0.263	10	0.350	11
32	每万件专利申请拥有知识产权服务机构数	0.000	13	0.001	13
33	专利申请代理率	0.313	10	0.853	6
34	平均每名专利代理人授权专利代理量	1.000	1	/	/

续表

序号	指标	2015年		2014年	
		指数	排名	指数	排名
	人才	0.026	13	0.022	12
35	知识产权专业人才培训人数	0.022	12	0.001	13
36	知识产权工程师评定人数	0.087	7	0.080	8
37	通过全国专利代理人资格考试人数	0.006	11	0.001	13
38	知识产权高级人才数	0.033	5	0.036	4
39	有专利申请和授权的双创人才数	0.000	13	0.015	12

九、盐城市专利实力分项指标分析

2015年盐城市专利实力指数0.137，全省排名第12。如图4-9所示，盐城市专利创造、专利运用、专利保护和专利环境4项一级指标发展较均衡，专利创造指标指数、专利运用指标指数和专利保护指标指数略高于专利环境指标指数。

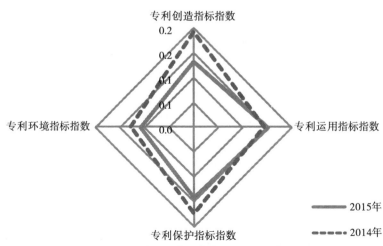

图4-9 盐城市专利实力一级指标指数

2015年盐城市专利运用指标指数最高，为0.153，全省排名第10，下降了1个位次，专利运用数量和专利运用效果2项二级指标分别全省排名第12和第6，5项三级指标中，2项专利运用数量指标均全省排名第12，分别下降了3个和1个位次，知识产权质押融资金额全省排名第2，提升了3个位次。

2015年盐城市专利环境指标指数最低，为0.108，全省排名第13，专利管理环境、专利服务环境和专利人才环境3项二级指标全省排名分别是第11、第13、第12，12项三级指标中，有6项全省排名后三位。

2015年盐城市专利创造指标指数0.131，全省排名第11，下降了1个位次，专利创造数量、专利创造质量和专利创造效率3项二级指标全省排名分别是第9、第9、第12，17项三级指标中，有8项全省排名后三位。

2015年盐城市专利保护指标指数为0.141，全省排名第11，专利行政保护和专利司法保护2项二级指标全省排名分别是第11和第9，其中专利司法保护指标提升了3个位次，5项三级指标中，法院审结"三审合一"知识产权刑事试点案件量全省排名第7，提升了4个位次（见表4-9）。

表4-9　盐城市专利实力分项指标指数

序号	指标	2015年		2014年	
		指数	排名	指数	排名
	专利实力	0.137	12	0.163	12
	专利创造	0.131	11	0.191	10
	数量	0.114	9	0.107	11
1	专利申请量	0.172	9	/	/
2	专利授权量	0.047	11	/	/
3	发明专利授权量	0.026	10	0.035	12
4	PCT国际专利申请量	0.013	12	0.003	11
5	战略性新兴产业专利授权量	0.069	10	0.062	10

序号	指标	2015年		2014年	
		指数	排名	指数	排名
6	有发明专利申请高企数占高企总数比例	0.356	7	/	/
	质量	0.215	9	0.361	8
7	发明专利授权量占比	0.090	9	0.186	8
8	有发明专利授权规上企业数占有专利授权规上企业数比例	0.000	13	/	/
9	高质量专利占授权发明专利比例	0.614	4	0.900	3
10	发明专利授权率	0.226	9	0.253	9
11	专利获奖数量	0.068	11	0.035	11
	效率	0.049	12	0.057	12
12	每万人有效发明专利量	0.040	12	0.041	12
13	每百双创人才发明专利申请与授权量	0.017	9	0.174	7
14	每亿元GDP规上企业发明专利授权量	0.030	11	/	/
15	每千万元研发经费发明专利申请量	0.192	10	0.001	13
16	每亿元高新技术产业产值发明专利授权量	0.050	11	/	/
17	每亿美元出口额PCT国际专利申请量	0.000	13	0.001	13
	专利运用	**0.153**	**10**	**0.145**	**9**
	数量	0.017	12	0.116	10
18	专利实施许可合同备案量	0.006	12	0.104	9
19	专利实施许可合同备案涉及专利量	0.027	12	0.129	11
	效果	0.244	6	0.164	8
20	专利运营和转化实施项目数	0.000	7	0.001	9
21	重大科技成果转化项目数	0.000	11	0.001	9
22	知识产权质押融资金额	0.732	2	0.492	5
	专利保护	**0.141**	**11**	**0.175**	**11**
	行政保护	0.079	11	0.203	10
23	查处专利侵权纠纷和假冒专利案件量	0.130	9	0.096	11
24	"正版正货"承诺企业数量	0.012	12	0.023	11

续表

序号	指标	2015年		2014年	
		指数	排名	指数	排名
25	维权援助中心举报投诉受理量	0.519	6	0.688	4
	司法保护	0.234	9	0.133	12
26	法院审结知识产权民事一审案件量	0.084	10	0.063	10
27	法院审结"三审合一"知识产权刑事试点案件量	0.385	7	0.203	11
	专利环境	**0.108**	**13**	**0.128**	**13**
	管理	0.180	11	0.187	11
28	知识产权专项经费投入	0.066	8	0.036	10
29	知识产权管理机构人员数	0.268	12	0.310	12
30	知识产权强省建设试点示范县（市、区），园区数	0.364	7	0.333	8
31	企业知识产权管理标准化和战略推进计划数	0.020	12	0.069	10
	服务	0.147	13	0.199	13
32	每万件专利申请拥有知识产权服务机构数	0.246	9	0.331	7
33	专利申请代理率	0.000	13	0.001	13
34	平均每名专利代理人授权专利代理量	0.000	13	/	/
	人才	0.028	12	0.030	11
35	知识产权专业人才培训人数	0.043	10	0.050	10
36	知识产权工程师评定人数	0.000	12	0.040	10
37	通过全国专利代理人资格考试人数	0.000	12	0.008	11
38	知识产权高级人才数	0.000	9	0.001	9
39	有专利申请和授权的双创人才数	0.125	10	0.074	8

十、扬州市专利实力分项指标分析

2015年扬州市专利实力指数0.268，全省排名第9，下降了2个位次。

如图4-10所示，扬州市专利创造、专利运用、专利保护和专利环境4项一级指标发展不均衡，专利保护指标指数要高于专利创造指标指数、专利运用指标指数和专利环境指标指数。

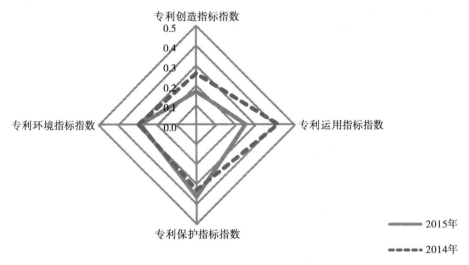

图4-10　扬州市专利实力一级指标指数

　　2015年扬州市专利保护指标指数最高，为0.365，全省排名第6，提升了3个位次，专利行政保护和专利司法保护2项二级指标全省排名分别是第9和第2，其中专利司法保护指标提升了7个位次，5项三级指标中，查处专利侵权纠纷和假冒专利案件量全省排名第12，下降了4个位次，法院审结"三审合一"知识产权刑事试点案件量全省排名第1，提升了8个位次。

　　2015年扬州市专利创造指标指数最低，为0.165，全省排名第9，下降了1个位次，专利创造数量、专利创造质量和专利创造效率3项二级指标全省排名分别是第8、第11、第9，分别下降了1个、2个、1个位次，17项三级指标中，高质量专利占授权发明专利比例、每亿美元出口额PCT国际专利申请量2项指标全省排名分别是第9和第10，均下降了5个位次，每百双创人才发明专利申请与授权量全省排名第2，提升了7个位次。

2015年扬州市专利运用指标指数为0.249，全省排名第8，下降了1个位次，专利运用数量和专利运用效果2项二级指标分别全省排名第9和第5，5项三级指标中，2项专利运用数量指标全省排名均为第9，分别下降了3个和2个位次，专利运营和转化实施项目数全省排名第2，提升了7个位次，知识产权质押融资金额全省排名第9，下降了5个位次。

2015年扬州市专利环境指标指数为0.288，全省排名第8，下降了1个位次，专利管理环境、专利服务环境和专利人才环境3项二级指标全省排名分别是第8、第8、第6，12项三级指标全省排名波动在2个位次内（见表4-10）。

表4-10　扬州市专利实力分项指标指数

序号	指标	2015年		2014年	
		指数	排名	指数	排名
	专利实力	0.268	9	0.332	7
	专利创造	0.165	9	0.255	8
	数量	0.176	8	0.208	7
1	专利申请量	0.199	8	/	/
2	专利授权量	0.154	7	/	/
3	发明专利授权量	0.054	8	0.073	8
4	PCT国际专利申请量	0.038	10	0.080	8
5	战略性新兴产业专利授权量	0.107	8	0.114	8
6	有发明专利申请高企数占高企总数比例	0.506	5	/	/
	质量	0.175	11	0.343	9
7	发明专利授权量占比	0.071	10	0.091	11
8	有发明专利授权规上企业数占有专利授权规上企业数比例	0.092	10	/	/

序号	指标	2015年		2014年	
		指数	排名	指数	排名
9	高质量专利占授权发明专利比例	0.333	9	0.875	4
10	发明专利授权率	0.214	10	0.245	10
11	专利获奖数量	0.120	9	0.042	10
	效率	0.146	9	0.188	8
12	每万人有效发明专利量	0.155	7	0.157	7
13	每百双创人才发明专利申请与授权量	0.133	2	0.148	9
14	每亿元GDP规上企业发明专利授权量	0.136	9	/	/
15	每千万元研发经费发明专利申请量	0.379	8	0.253	9
16	每亿元高新技术产业产值发明专利授权量	0.024	12	/	/
17	每亿美元出口额PCT国际专利申请量	0.040	10	0.374	5
	专利运用	**0.249**	**8**	**0.416**	**7**
	数量	0.200	9	0.433	7
18	专利实施许可合同备案量	0.151	9	0.332	6
19	专利实施许可合同备案涉及专利量	0.249	9	0.535	7
	效果	0.281	5	0.404	7
20	专利运营和转化实施项目数	0.250	2	0.001	9
21	重大科技成果转化项目数	0.522	4	0.643	4
22	知识产权质押融资金额	0.071	9	0.570	4
	专利保护	**0.365**	**6**	**0.331**	**9**
	行政保护	0.211	9	0.366	9
23	查处专利侵权纠纷和假冒专利案件量	0.112	12	0.393	8
24	"正版正货"承诺企业数量	0.344	5	0.330	6
25	维权援助中心举报投诉受理量	0.000	8	/	/
	司法保护	0.595	2	0.280	9
26	法院审结知识产权民事一审案件量	0.190	7	0.137	6
27	法院审结"三审合一"知识产权刑事试点案件量	1.000	1	0.422	9

续表

序号	指标	2015年		2014年	
		指数	排名	指数	排名
	专利环境	**0.288**	**8**	**0.295**	**9**
	管理	0.259	8	0.282	8
28	知识产权专项经费投入	0.033	10	0.017	11
29	知识产权管理机构人员数	0.390	10	0.333	11
30	知识产权强省建设试点示范县（市、区），园区数	0.455	4	0.556	5
31	企业知识产权管理标准化和战略推进计划数	0.160	8	0.222	8
	服务	0.389	8	0.496	9
32	每万件专利申请拥有知识产权服务机构数	0.231	10	0.307	8
33	专利申请代理率	0.923	2	1.000	1
34	平均每名专利代理人授权专利代理量	0.327	9	/	/
	人才	0.223	6	0.137	6
35	知识产权专业人才培训人数	0.067	8	0.073	9
36	知识产权工程师评定人数	0.304	4	0.520	4
37	通过全国专利代理人资格考试人数	0.045	7	0.033	8
38	知识产权高级人才数	0.000	9	0.001	9
39	有专利申请和授权的双创人才数	0.875	4	0.162	5

十一、镇江市专利实力分项指标分析

2015年镇江市专利实力指数0.347，全省排名第6。如图4-11所示，镇江市专利创造、专利运用、专利保护和专利环境4项一级指标发展不均衡，专利创造指标指数和专利运用指标指数相当，专利保护指标指数和专利环境指标指数相当。

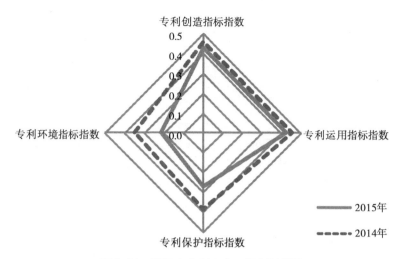

专利创造指标指数

0.5
0.4
0.3
0.2
0.1
0.0

专利环境指标指数 ◁─────────▷ 专利运用指标指数

────── 2015年
┅┅┅┅┅ 2014年

专利保护指标指数

图4-11 镇江市专利实力一级指标指数

2015年镇江市专利创造指标指数最高，为0.427，全省排名第4，专利创造数量、专利创造质量和专利创造效率3项二级指标全省排名分别是第5、第5、第4，17项三级指标中，每百双创人才发明专利申请与授权量全省排名第11，下降了10个位次，有发明专利申请高企数占高企总数比例全省排名第1，表现较好。2015年，镇江市在《关于加快建设知识产权强市的实施方案》和知识产权"十三五"规划中明确提出知识产权强企发展目标，深入实施"专利密集型企业培育计划"，涌现出一批知识产权优势企业，大亚科技集团有限公司等8家企业入选国家知识产权示范企业和优势企业，大全集团被列为省高价值专利培育示范中心。

2015年镇江市专利环境指标指数最低，为0.218，全省排名第10，下降了4个位次，降幅较大，专利管理环境、专利服务环境和专利人才环境3项二级指标全省排名分别是第6、第11、第9，分别下降了2个、1个、2个位次。12项三级指标中，知识产权强省建设试点示范县（市、区），园区数；企业知识产权管理标准化和战略推进计划数；知识产权工程师评定人数3项指标全省排名分别是第10、第6、第12，均下降了4个位次。有专利申请和授权的双创人才数全省排名第9，下降了5个位次。

2015年镇江市专利运用指标指数为0.425，全省排名第4，提升了2个位次，专利运用数量和专利运用效果2项二级指标分别全省排名第6和第3，提升了2个和1个位次，5项三级指标中，2项专利运用数量指标全省排名均为第6，都提升了2个位次，专利运营和转化实施项目数全省排名第7，下降了5个位次。

2015年镇江市专利保护指标指数为0.268，全省排名第10，下降了3个位次，专利行政保护和专利司法保护2项二级指标全省排名分别是第7和第13，其中专利行政保护指标下降了2个位次，5项三级指标中，"正版正货"承诺企业数量全省排名第10，下降了4个位次，其他指标全省排名波动在1个位次内（见表4-11）。

表4-11　镇江市专利实力分项指标指数

序号	指标	2015年		2014年	
		指数	排名	指数	排名
	专利实力	0.347	6	0.419	6
	专利创造	0.427	4	0.458	4
	数量	0.302	5	0.262	5
1	专利申请量	0.200	7	/	/
2	专利授权量	0.157	6	/	/
3	发明专利授权量	0.253	4	0.229	5
4	PCT国际专利申请量	0.049	9	0.063	9
5	战略性新兴产业专利授权量	0.152	6	0.152	7
6	有发明专利申请高企数占高企总数比例	1.000	1	/	/
	质量	0.446	5	0.480	5
7	发明专利授权量占比	0.630	2	0.381	3
8	有发明专利授权规上企业数占有专利授权规上企业数比例	0.609	6	/	/

序号	指标	2015年		2014年	
		指数	排名	指数	排名
9	高质量专利占授权发明专利比例	0.000	13	0.298	11
10	发明专利授权率	0.606	4	0.474	3
11	专利获奖数量	0.161	7	0.105	8
	效率	0.490	4	0.564	4
12	每万人有效发明专利量	0.611	4	0.495	5
13	每百双创人才发明专利申请与授权量	0.000	11	1.000	1
14	每亿元GDP规上企业发明专利授权量	0.529	5	/	/
15	每千万元研发经费发明专利申请量	0.984	2	0.957	2
16	每亿元高新技术产业产值发明专利授权量	0.435	4	/	/
17	每亿美元出口额PCT国际专利申请量	0.098	7	0.341	7
	专利运用	0.425	4	0.457	6
	数量	0.477	6	0.268	8
18	专利实施许可合同备案量	0.409	6	0.252	8
19	专利实施许可合同备案涉及专利量	0.545	6	0.284	8
	效果	0.391	3	0.583	4
20	专利运营和转化实施项目数	0.000	7	0.750	2
21	重大科技成果转化项目数	0.174	8	0.357	7
22	知识产权质押融资金额	1.000	1	0.641	3
	专利保护	0.268	10	0.385	7
	行政保护	0.426	7	0.625	5
23	查处专利侵权纠纷和假冒专利案件量	0.585	6	0.680	5
24	"正版正货"承诺企业数量	0.215	10	0.330	6
25	维权援助中心举报投诉受理量	1.000	1	0.958	2
	司法保护	0.031	13	0.025	13
26	法院审结知识产权民事一审案件量	0.061	12	0.049	11
27	法院审结"三审合一"知识产权刑事试点案件量	0.000	13	0.001	13

序号	指标	2015年		2014年	
		指数	排名	指数	排名
	专利环境	**0.218**	**10**	**0.350**	**6**
	管理	0.335	6	0.545	4
28	知识产权专项经费投入	0.191	5	0.155	5
29	知识产权管理机构人员数	0.634	5	0.690	4
30	知识产权强省建设试点示范县（市、区），园区数	0.273	10	0.444	6
31	企业知识产权管理标准化和战略推进计划数	0.240	6	0.889	2
	服务	0.210	11	0.457	10
32	每万件专利申请拥有知识产权服务机构数	0.118	11	0.183	11
33	专利申请代理率	0.579	9	0.777	9
34	平均每名专利代理人授权专利代理量	0.118	12	/	/
	人才	0.146	9	0.130	7
35	知识产权专业人才培训人数	0.243	5	0.234	5
36	知识产权工程师评定人数	0.000	12	0.080	8
37	通过全国专利代理人资格考试人数	0.141	3	0.095	5
38	知识产权高级人才数	0.100	3	0.071	3
39	有专利申请和授权的双创人才数	0.250	9	0.206	4

十二、泰州市专利实力分项指标分析

2015年泰州市专利实力指数0.278，全省排名第7，提升了1个位次。如图4-12所示，泰州市专利创造、专利运用、专利保护和专利环境4项一级指标发展不均衡，专利运用指标指数和专利保护指标指数要高于专利创造指标指数和专利环境指标指数。

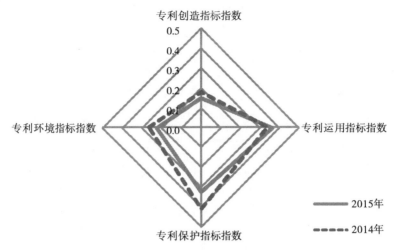

图4-12 泰州市专利实力一级指标指数

2015年泰州市专利运用指标指数最高，为0.367，全省排名第5，提升了3个位次，专利运用数量和专利运用效果2项二级指标分别全省排名第3和第9，5项三级指标中，专利运营和转化实施项目数全省排名第2，提升了2个位次，知识产权质押融资金额全省排名第12，下降了2个位次。

2015年泰州市专利创造指标指数最低，为0.148，全省排名第10，下降了1个位次，专利创造数量、专利创造质量和专利创造效率3项二级指标全省排名分别是第7、第13、第7，17项三级指标全省排名波动均在2个位次内。

2015年泰州市专利保护指标指数为0.323，全省排名第8，下降了2个位次，专利行政保护和专利司法保护2项二级指标全省排名分别是第6和第11，5项三级指标中，查处专利侵权纠纷和假冒专利案件量全省排名第7，下降了3个位次。

2015年泰州市专利环境指标指数为0.228，全省排名第9，提升了1个位次，专利管理环境、专利服务环境和专利人才环境3项二级指标全省排名分别是第9、第12、第4，12项三级指标中，知识产权工程师评定人数全省排名第1，提升了1个位次。知识产权强省建设试点示范县（市、区），园区数；每万件专利申请拥有知识产权服务机构数；专利申请代理率3项指标则均排在全省第12（见表4-12）。

表4-12　泰州市专利实力分项指标指数

序号	指标	2015年		2014年	
		指数	排名	指数	排名
	专利实力	**0.278**	**7**	**0.309**	**8**
	专利创造	**0.148**	**10**	**0.175**	**11**
	数量	0.199	7	0.151	8
1	专利申请量	0.221	6	/	/
2	专利授权量	0.144	8	/	/
3	发明专利授权量	0.043	9	0.049	9
4	PCT国际专利申请量	0.065	7	0.082	7
5	战略性新兴产业专利授权量	0.074	9	0.087	9
6	有发明专利申请高企数占高企总数比例	0.645	4	/	/
	质量	0.083	13	0.144	13
7	发明专利授权量占比	0.045	11	0.081	12
8	有发明专利授权规上企业数占有专利授权规上企业数比例	0.112	9	/	/
9	高质量专利占授权发明专利比例	0.210	11	0.454	10
10	发明专利授权率	0.000	13	0.001	13
11	专利获奖数量	0.099	10	0.014	12
	效率	0.187	7	0.226	7
12	每万人有效发明专利量	0.154	8	0.141	8
13	每百双创人才发明专利申请与授权量	0.058	7	0.152	8
14	每亿元GDP规上企业发明专利授权量	0.164	8	/	/
15	每千万元研发经费发明专利申请量	0.664	7	0.669	6

序号	指标	2015年 指数	2015年 排名	2014年 指数	2014年 排名
16	每亿元高新技术产业产值发明专利授权量	0.000	13	/	/
17	每亿美元出口额PCT国际专利申请量	0.175	4	0.502	2
	专利运用	0.367	5	0.342	8
	数量	0.661	3	0.630	4
18	专利实施许可合同备案量	0.497	5	0.332	6
19	专利实施许可合同备案涉及专利量	0.825	3	0.927	2
	效果	0.170	9	0.150	9
20	专利运营和转化实施项目数	0.250	2	0.250	4
21	重大科技成果转化项目数	0.261	6	0.001	9
22	知识产权质押融资金额	0.000	12	0.199	10
	专利保护	0.323	8	0.411	6
	行政保护	0.432	6	0.590	6
23	查处专利侵权纠纷和假冒专利案件量	0.582	7	0.757	4
24	"正版正货"承诺企业数量	0.233	8	0.205	9
25	维权援助中心举报投诉受理量	0.846	3	0.833	3
	司法保护	0.158	11	0.142	11
26	法院审结知识产权民事一审案件量	0.123	9	0.081	9
27	法院审结"三审合一"知识产权刑事试点案件量	0.192	9	0.203	11
	专利环境	0.228	9	0.264	10
	管理	0.249	9	0.281	9
28	知识产权专项经费投入	0.100	7	0.078	8
29	知识产权管理机构人员数	0.415	9	0.476	7
30	知识产权强省建设试点示范县（市、区），园区数	0.091	12	0.111	11
31	企业知识产权管理标准化和战略推进计划数	0.390	3	0.458	5
	服务	0.152	12	0.320	12
32	每万件专利申请拥有知识产权服务机构数	0.051	12	0.109	12
33	专利申请代理率	0.098	12	0.274	12

序号	指标	2015年		2014年	
		指数	排名	指数	排名
34	平均每名专利代理人授权专利代理量	0.507	4	/	/
	人才	0.277	4	0.207	4
35	知识产权专业人才培训人数	0.155	6	0.157	6
36	知识产权工程师评定人数	1.000	1	0.960	2
37	通过全国专利代理人资格考试人数	0.032	9	0.029	9
38	知识产权高级人才数	0.067	4	0.036	4
39	有专利申请和授权的双创人才数	0.375	7	0.029	10

十三、宿迁市专利实力分项指标分析

2015年宿迁市专利实力指数0.088，全省排名第13。如图4-13所示，宿迁市专利创造、专利运用、专利保护和专利环境4项一级指标发展不均衡，专利环境指标指数明显高于专利创造指标指数、专利运用指标指数和专利保护指标指数。

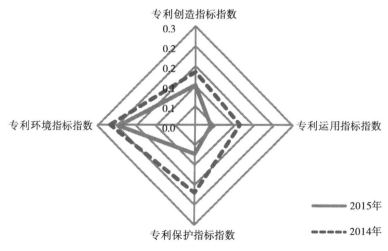

图4-13 宿迁市专利实力一级指标指数

2015年宿迁市专利环境指标指数最高，为0.196，全省排名第11，专利管理环境、专利服务环境和专利人才环境3项二级指标全省排名分别是第13、第5、第11，12项三级指标中，专利申请代理率、平均每名专利代理人授权专利代理量2项指标全省排名第1和第2，表现较好。

2015年宿迁市专利运用指标指数最低，为0.039，全省排名第13，下降了2个位次，专利运用数量和专利运用效果2项二级指标分别全省排名第13和第11，5项三级指标中，2项专利运用数量指标均排名全省第13，都下降了3个位次。

2015年宿迁市专利创造指标指数为0.101，全省排名第12，提升了1个位次，专利创造数量、专利创造质量和专利创造效率3项二级指标全省排名分别是第13、第10、第13，其中，专利创造数量指标下降了4个位次，专利创造质量指标提升了2个位次，17项三级指标中，有12个全省排名后三位，而高质量专利占授权发明专利比例全省排名第2，表现较好。

2015年宿迁市专利保护指标指数为0.071，全省排名第13，下降了1个位次，专利行政保护和专利司法保护2项二级指标全省排名均是第12，其中专利司法保护指标下降了4个位次，5项三级指标中，2项专利司法保护指标全省排名分别是第11和第12，下降了4个和6个位次（见表4-13）。

表4-13　宿迁市专利实力分项指标指数

序号	指标	2015年		2014年	
		指数	排名	指数	排名
	专利实力	0.088	13	0.152	13
	专利创造	0.101	12	0.133	13
	数量	0.029	13	0.133	9
1	专利申请量	0.033	12	/	/
2	专利授权量	0.000	12	/	/

序号	指标	2015年		2014年	
		指数	排名	指数	排名
3	发明专利授权量	0.000	13	0.001	13
4	PCT国际专利申请量	0.000	13	0.001	13
5	战略性新兴产业专利授权量	0.000	13	0.001	13
6	有发明专利申请高企数占高企总数比例	0.142	10	/	/
	质量	0.192	10	0.210	12
7	发明专利授权量占比	0.007	12	0.001	13
8	有发明专利授权规上企业数占有专利授权规上企	0.080	11	/	/
9	高质量专利占授权发明专利比例	0.724	2	0.993	2
10	发明专利授权率	0.099	12	0.020	12
11	专利获奖数量	0.000	13	0.056	9
	效率	0.048	13	0.048	13
12	每万人有效发明专利量	0.000	13	0.001	13
13	每百双创人才发明专利申请与授权量	0.062	6	0.001	13
14	每亿元GDP规上企业发明专利授权量	0.073	10	/	/
15	每千万元研发经费发明专利申请量	0.106	11	0.404	8
16	每亿元高新技术产业产值发明专利授权量	0.101	8	/	/
17	每亿美元出口额PCT国际专利申请量	0.021	12	0.007	12
	专利运用	**0.039**	**13**	**0.116**	**11**
	数量	0.000	13	0.108	11
18	专利实施许可合同备案量	0.000	13	0.084	10
19	专利实施许可合同备案涉及专利量	0.000	13	0.132	10
	效果	0.065	11	0.122	11
20	专利运营和转化实施项目数	0.000	7	0.250	4
21	重大科技成果转化项目数	0.043	9	0.071	8
22	知识产权质押融资金额	0.151	7	0.045	11

序号	指标	2015年		2014年	
		指数	排名	指数	排名
	专利保护	**0.071**	**13**	**0.170**	**12**
	行政保护	0.068	12	0.049	12
23	查处专利侵权纠纷和假冒专利案件量	0.119	10	0.086	12
24	"正版正货"承诺企业数量	0.000	13	0.001	13
25	维权援助中心举报投诉受理量	0.000	8	/	/
	司法保护	0.075	12	0.351	8
26	法院审结知识产权民事一审案件量	0.072	11	0.123	7
27	法院审结"三审合一"知识产权刑事试点案件量	0.077	12	0.578	6
	专利环境	**0.196**	**11**	**0.218**	**11**
	管理	0.022	13	0.119	13
28	知识产权专项经费投入	0.038	9	0.060	9
29	知识产权管理机构人员数	0.000	13	0.001	13
30	知识产权强省建设试点示范县（市、区），园区数	0.000	13	0.111	11
31	企业知识产权管理标准化和战略推进计划数	0.050	10	0.306	7
	服务	0.528	5	0.538	6
32	每万件专利申请拥有知识产权服务机构数	0.248	8	0.263	9
33	专利申请代理率	1.000	1	0.959	3
34	平均每名专利代理人授权专利代理量	0.896	2	/	/
	人才	0.036	11	0.017	13
35	知识产权专业人才培训人数	0.046	9	0.023	12
36	知识产权工程师评定人数	0.043	9	0.040	10
37	通过全国专利代理人资格考试人数	0.000	12	0.004	12
38	知识产权高级人才数	0.000	9	0.001	9
39	有专利申请和授权的双创人才数	0.125	10	0.029	10

第五章　附　录

一、江苏省专利实力指标体系与解释

（一）指标体系结构

本报告采用综合评价指数法对江苏省地区专利实力进行分析。专利实力指标体系总权数为100，专利创造、专利运用、专利保护和专利环境4个一级指标权数分别为25、30、30、15，10个二级指标权数分别为6、10、9、12、18、18、12、4、5、6（见表5-1）。

表5-1　江苏省专利实力指标体系

一级指标	二级指标	三级指标		
		序号	单位	指标
专利创造	数量	1	件	专利申请量
		2	件	专利授权量
		3	件	发明专利授权量
		4	件	PCT国际专利申请量
		5	件	战略性新兴产业专利授权量
		6	%	有发明专利申请高企数占高企总数比例

一级指标	二级指标	三级指标		
		序号	单位	指标
专利创造	质量	7	%	发明专利授权量占比
		8	%	有发明专利授权规上企业数占有专利授权规上企业数比例
		9	%	高质量专利占授权发明专利比例
		10	%	发明专利授权率
		11	项	专利获奖数量
	效率	12	件	每万人有效发明专利量
		13	件	每百双创人才发明专利申请与授权量
		14	件	每亿元GDP规上企业发明专利授权量
		15	件	每千万元研发经费发明专利申请量
		16	件	每亿元高新技术产业产值发明专利授权量
		17	件	每亿美元出口额PCT国际专利申请量
专利运用	数量	18	份	专利实施许可合同备案量
		19	件	专利实施许可合同备案涉及专利量
	效果	20	家	专利运营和转化实施项目数
		21	项	重大科技成果转化项目数
		22	万元	知识产权质押融资金额
专利保护	行政保护	23	件	查处专利侵权纠纷和假冒专利案件量
		24	家	"正版正货"承诺企业数量
		25	件	维权援助中心举报投诉受理量
	司法保护	26	件	法院审结知识产权民事一审案件量
		27	件	法院审结"三审合一"知识产权刑事试点案件量
专利环境	管理	28	万元	知识产权专项经费投入
		29	人	知识产权管理机构人员数
		30	个	知识产权强省建设试点示范县(市、区),园区数
		31	家	企业知识产权管理标准化和战略推进计划数

一级指标	二级指标	三级指标		
		序号	单位	指标
专利环境	服务	32	家	每万件专利申请拥有知识产权服务机构数
		33	%	专利申请代理率
		34	件	平均每名专利代理人授权专利代理量
	人才	35	人	知识产权专业人才培训人数
		36	人	知识产权工程师评定人数
		37	人	通过全国专利代理人资格考试人数
		38	人	知识产权高级人才数
		39	人	有专利申请和授权的双创人才数

（二）指标解释

（1）发明专利授权率：指一定时期，发明专利申请的数量在今后一段时期（3年/5年）获得国家知识产权行政管理部门授权数量的比例。由于发明专利授权率的计算相对滞后，本报告采用模糊处理，其计算公式为：2015年发明专利授权率=（2013年、2014年和2015年发明专利授权量平均值）/（2013年、2014年和2015年发明专利申请量平均值）×100%。

（2）专利获奖数量：指一定时期，一定区域的专利权人获得国家级、省级专利奖和百件优质发明专利奖的数量。其计算公式为：国家级专利奖获奖数量×0.5+省级专利奖获奖数量×0.3+百件优质发明专利奖获奖数量×0.2。

（3）每百双创人才发明专利申请与授权量：指一定时期，一定区域每一百名高层次创新创业人才申请发明专利件数和获得经国家知识产权行政管理部门授权的发明专利件数总和。

（4）每千万元研发经费发明专利申请量：指一定时期，单位研发经费（千万元）获得的通过国家知识产权行政管理部门申请的发明专利件数。

（5）专利运营和转化实施项目数：指专利实施计划项目数。专利实施计划项目是江苏省知识产权局为实施创新驱动战略、推进知识产权强省建设、大力推动专利转化实施和专利运营工作而设置的年度申报项目。专利实施计划项目数是指依据《江苏省知识产权创造与运用专项资金使用管理办法》（苏财规〔2011〕21号）的要求及省局申报专利实施计划的通知进行项目申报并获得批准的项目数量。

二、江苏省专利实力指数计算方法

本报告采用综合评价指数法对各级指标进行合成。各级指标经标准化后均可称为"指数"，计算方法如下。

（1）将各三级指标按照以下规则标准化，得到三级指标的指数 y_{ij}，计算方法如下：

$$y_{ij} = \frac{x_{ij} - \min_{1 \le i \le 13} x_{ij}}{\max_{1 \le i \le 13} x_{ij} - \min_{1 \le i \le 13} x_{ij}}$$

其中：y_{ij} 为第 j 个指标转化后的值，$\max x_{ij}$ 为最大样本值，$\min x_{ij}$ 为最小样本值，x_{ij} 为原始值。

（2）二级指标指数 z_i. 由三级指标指数加权综合而成，计算方法如下：

$$z_i. = \sum_{j=1}^{n_i} w_{ij} y_{ij} \bigg/ \sum_{j=1}^{n_i} w_{ij}$$

其中：w_{ij} 为各三级指标监测值相应的权数，n_i 为第 i 个二级指标下设三级指标的个数。

（3）一级指标指数 Y 由二级指标指数加权综合而成，计算方法如下：

$$Y = \sum_{i=1}^{n} w_i. z_i. / 100$$

其中：w_i. 为各二级指标指数的权数，n 为一级指标下设二级指标的个数。

三、数据资料

表5-2~表5-12为相关数据资料。

表5-2　江苏省各设区市知识产权管理机构设置

机构名称	隶属关系	性质	级别	成立时间	内设部门	编制人数
南京市知识产权局	科技局挂牌	行政	局级	2006年	知识产权综合管理处	11
					知识产权执法处	
无锡市知识产权局	科技局挂牌	行政	处级	2003年	政策法规处	8
					综合处	
徐州市知识产权局	科技局挂牌	行政	处级	2003年	知识产权与成果处	14
					政策法规处	
					专利执法大队	
常州市知识产权局	科技局挂牌	行政	处级	2003年	协调管理处	8
					法政处	
苏州市知识产权局（版权局）	市政府组成部门	行政	处级	2002年挂牌，2008年独立设置	组织人事处	16
					监察室	
					政策法规处	
					专利执法处	
					专利管理处	
					版权管理处	
南通市知识产权局	科技局挂牌	行政	处级	2003年	协调管理处	9
					执法处	
					专利管理处	
连云港市知识产权局	科技局挂牌	行政	处级	2001年	知识产权管理处	10
					专利执法处	

续表

机构名称	隶属关系	性质	级别	成立时间	内设部门	编制人数
淮安市知识产权局	科技局挂牌	行政	正科	2002年	知识产权管理处 专利执法处	6
盐城市知识产权局	科技局挂牌	行政	处级	2008年	知识产权管理处	3
扬州市知识产权局	科技局挂牌	行政	处级	2003年	协调管理处 执法处	6
镇江市知识产权局	科技局挂牌	行政	处级	2003年	协调管理处 政策法规处	8
泰州市知识产权局	科技局管理	事业	副处级	2002年	综合处 专利管理处 政策法规处	8
宿迁市知识产权局	科技局挂牌	行政	处级	2003年	知识产权处	2

表5-3　江苏省企业知识产权战略推进计划项目实施工作

单位：家

地区	申报单位	承担单位	
	2015年	累计	2015年
南京市	27	59	15
无锡市	11	53	5
徐州市	5	28	2
常州市	19	51	6
苏州市	19	69	11
南通市	16	42	7
连云港市	2	23	2
淮安市	4	25	2
盐城市	4	31	1

地区	申报单位	承担单位	
	2015年	累计	2015年
扬州市	11	42	3
镇江市	22	61	11
泰州市	11	41	7
宿迁市	8	22	3
全省	159	547	75

表5-4　江苏省企业知识产权管理标准化示范创建工作

单位：家

地区	开展示范创建企业		示范创建评价结果			
			合格企业		先进企业	
	累计	2015年	累计	2015年	累计	2015年
南京市	534	81	136	31	79	16
无锡市	462	62	119	21	68	11
徐州市	238	43	50	8	28	3
常州市	452	75	94	4	50	6
苏州市	795	134	122	28	81	11
南通市	421	72	126	4	71	10
连云港市	193	50	28	7	14	1
淮安市	246	48	79	8	49	5
盐城市	300	46	56	8	48	7
扬州市	337	58	90	11	60	8
镇江市	465	58	169	17	91	13
泰州市	372	77	91	15	66	8
宿迁市	221	47	77	19	31	7
全省	5036	851	1237	181	736	106

表5-5　2015年江苏省知识产权宣传工作

稿件分布	中国知识产权报			政务信息	
	全年订阅/份	"4·26"特刊/份	投稿刊用数/篇	国家局/篇	省局网站/篇
省局	923	200	22	55	92
南京市	399	1100	10	5	25
无锡市	281	1050	4	3	27
徐州市	318	650	3	1	16
常州市	428	900	10	4	37
苏州市	661	1200	10	11	80
南通市	283	800	7	3	55
连云港市	195	600	33	0	18
淮安市	156	600	0	1	15
盐城市	326	600	0	2	15
扬州市	382	850	3	4	38
镇江市	524	850	6	9	68
泰州市	399	850	6	8	40
宿迁市	113	750	0	4	38
全省	5388	11000	114	110	564

表5-6　2015年江苏省重大科技成果转化项目知识产权审查

年份	审查项目数/项	专利地域		审查专利总量/件
		中国/件	国外/件	
2015	144	2249	30	2279

表5-7　2015年苏南五市分技术领域有效发明专利量

单位：件

技术领域	苏南五市				
	苏州市	南京市	无锡市	常州市	镇江市
电气工程	6054	6376	3154	1356	879

技术领域	苏南五市				
	苏州市	南京市	无锡市	常州市	镇江市
半导体	771	290	719	350	48
电机、电气装置、电能	2691	1892	1049	663	576
电信	337	765	109	38	47
基础通信程序	159	169	190	18	16
计算机技术	823	1318	446	94	122
计算机技术管理方法	11	43	4	1	2
数字通信	532	1572	325	87	37
音像技术	730	327	312	105	31
化工	8386	10583	5789	3589	2623
表面加工技术、涂层	725	388	499	375	174
材料、冶金	1241	1345	865	472	641
高分子化学、聚合物	1115	824	564	530	217
化学工程	1138	1106	751	459	320
环境技术	510	1103	615	367	132
基础材料化学	1234	1056	639	469	366
生物技术	427	1336	778	125	160
食品化学	395	506	397	75	316
显微结构和纳米技术	32	42	40	5	11
药品	453	1377	273	196	138
有机精细化学	1116	1500	368	516	148
机械工程	9007	3910	4942	2425	2009
发动机、泵、涡轮机	261	303	294	136	197
纺织和造纸机器	1534	228	582	419	188
机器工具	2596	1023	1587	619	473
机器零件	671	362	428	263	178
其他特殊机械	1139	760	547	320	508
热工过程和器具	504	528	446	157	109

续表

技术领域	苏南五市				
	苏州市	南京市	无锡市	常州市	镇江市
运输	832	393	308	290	210
装卸	1470	313	750	221	146
仪器	**3671**	**4622**	**1718**	**962**	**736**
测量	1398	2831	859	536	431
光学	918	418	180	79	87
控制	445	726	342	124	120
生物材料分析	96	211	92	16	19
医学技术	814	436	245	207	79
其他领域	**1960**	**1621**	**895**	**449**	**290**
家具、游戏	609	103	120	69	76
其他消费品	423	324	262	99	30
土木工程	928	1194	513	281	184
其他	26	11	19	31	6
总计	**29104**	**27123**	**16517**	**8812**	**6543**

表5-8 2015年苏中三市分技术领域有效发明专利量

单位：件

技术领域	苏中三市		
	南通市	泰州市	扬州市
电气工程	**1537**	**258**	**393**
半导体	193	9	63
电机、电气装置、电能	524	165	273
电信	147	18	18
基础通信程序	33	1	5
计算机技术	257	15	14
计算机技术管理方法	1	0	0
数字通信	258	29	13

技术领域	苏中三市		
	南通市	泰州市	扬州市
音像技术	124	21	7
化工	**5007**	**1208**	**1153**
表面加工技术、涂层	170	59	34
材料、冶金	633	161	133
高分子化学、聚合物	348	72	178
化学工程	354	157	125
环境技术	206	60	80
基础材料化学	398	104	129
生物技术	126	85	117
食品化学	495	82	84
显微结构和纳米技术	3	0	0
药品	1746	277	68
有机精细化学	528	151	205
机械工程	**2575**	**814**	**787**
发动机、泵、涡轮机	130	73	44
纺织和造纸机器	567	57	57
机器工具	506	220	254
机器零件	236	128	74
其他特殊机械	448	103	153
热工过程和器具	162	89	56
运输	209	79	56
装卸	317	65	93
仪器	**952**	**221**	**200**
测量	478	106	106
光学	97	16	13
控制	109	29	23
生物材料分析	27	5	10

续表

技术领域	苏中三市		
	南通市	泰州市	扬州市
医学技术	241	65	48
其他领域	916	307	203
家具、游戏	201	22	16
其他消费品	163	157	20
土木工程	552	128	167
其他	3	0	1
总计	10990	2808	2737

表5-9　2015年苏北五市分技术领域有效发明专利量

单位：件

技术领域	苏北五市				
	徐州市	盐城市	连云港市	淮安市	宿迁市
电气工程	226	149	51	92	80
半导体	7	14	4	7	7
电机、电气装置、电能	160	100	30	50	67
电信	5	7	0	5	2
基础通信程序	1	1	1	2	1
计算机技术	22	10	9	5	2
计算机技术管理方法	1	0	0	2	0
数字通信	22	12	3	5	0
音像技术	8	5	4	16	1
化工	954	889	1103	830	227
表面加工技术、涂层	39	29	20	33	25
材料、冶金	96	91	141	225	22
高分子化学、聚合物	47	37	44	39	30
化学工程	155	108	69	75	19
环境技术	95	66	35	18	6

技术领域	苏北五市				
	徐州市	盐城市	连云港市	淮安市	宿迁市
基础材料化学	100	118	67	56	36
生物技术	39	34	60	27	10
食品化学	229	72	78	147	30
显微结构和纳米技术	2	1	0	2	0
药品	75	81	301	74	20
有机精细化学	77	252	288	134	29
机械工程	**944**	**537**	**297**	**245**	**197**
发动机、泵、涡轮机	39	40	13	10	3
纺织和造纸机器	22	100	34	42	41
机器工具	93	143	22	61	73
机器零件	151	57	19	21	29
其他特殊机械	95	74	124	60	32
热工过程和器具	41	36	18	24	3
运输	134	30	23	11	6
装卸	369	57	44	16	10
仪器	**450**	**77**	**104**	**90**	**32**
测量	306	47	66	39	25
光学	7	3	5	10	0
控制	78	12	7	19	5
生物材料分析	25	0	1	2	0
医学技术	34	15	25	20	2
其他领域	**685**	**101**	**68**	**65**	**27**
家具、游戏	15	5	8	8	2
其他消费品	33	11	3	7	7
土木工程	637	85	57	50	18
其他	**0**	**1**	**0**	**0**	**0**
总计	**3259**	**1754**	**1623**	**1322**	**563**

表 5-10　2015年设区市有效发明专利维持年限

单位：件

地区	3年及以下	4~6年	7~9年	10年及以上	总计
南京市	12309	10108	3410	1296	27123
无锡市	7404	6614	1950	549	16517
徐州市	1917	1044	226	72	3259
常州市	3890	3245	1261	416	8812
苏州市	13741	11010	3399	954	29104
南通市	4512	4691	1429	358	10990
连云港市	655	538	234	196	1623
淮安市	746	415	136	25	1322
盐城市	742	643	286	83	1754
扬州市	1184	1100	319	134	2737
镇江市	3903	2027	520	93	6543
泰州市	1065	1086	452	205	2808
宿迁市	300	200	50	13	563
其他	3	0	2	0	5
总计	52371	42721	13674	4394	113160

表 5-11　2015年设区市商标申请与注册量

单位：件

地区	申请量	注册量	有效注册量
南京市	36209	23904	100788
无锡市	16477	14596	90582
徐州市	7789	4978	23538
常州市	11596	9025	51245
苏州市	37958	31261	151511
南通市	10998	9549	53581
连云港市	3496	3137	14946
淮安市	4933	5092	17592

地区	申请量	注册量	有效注册量
盐城市	5772	5586	25796
扬州市	6586	7869	43024
镇江市	4544	4328	21544
泰州市	4214	4532	23476
宿迁市	5036	3597	13258
总计	155670	127553	632187

注：申请量、注册量统计时间为2014年12月16日至2015年12月15日，有效注册量统计时间截至2015年12月15日。

表5-12　2015年县（市、区）商标申请与注册量

单位：件

地区	县（市、区）	申请量	注册量	有效注册量
南京市	玄武区	3574	2304	9663
	秦淮区	4739	4101	15851
	建邺区	3439	1752	7073
	鼓楼区	4004	3122	14197
	浦口区	1750	1349	4972
	栖霞区	3826	1645	5047
	雨花台区	2485	1123	4233
	江宁区	4639	3085	12642
	六合区	1593	1014	3956
	溧水区	748	565	2662
	高淳区	833	708	3248
无锡市	崇安区	526	216	784
	南长区	1003	597	1876
	北塘区	591	299	1422
	锡山区	1665	2304	11370
	惠山区	1461	1084	4903
	滨湖区	1699	1064	4643

地区	县（市、区）	申请量	注册量	有效注册量
无锡市	新区	1884	1320	5816
	江阴市	3467	3821	28446
	宜兴市	1866	1769	12316
徐州市	鼓楼区	378	136	360
	云龙区	695	293	665
	贾汪区	325	185	797
	泉山区	778	343	854
	铜山区	566	422	2328
	丰县	1058	651	2941
	沛县	439	324	1879
	睢宁县	690	484	1879
	新沂市	599	422	1998
	邳州市	955	647	2709
常州市	天宁区	1188	844	3800
	钟楼区	1444	1029	4179
	戚墅堰区	121	131	786
	新北区	3225	2179	10324
	武进区	3643	3210	19194
	溧阳市	679	638	4127
	金坛市	640	588	3510
苏州市	虎丘区	787	99	496
	吴中区	3919	2925	10790
	相城区	1568	1696	8052
	姑苏区	1792	976	3809
	吴江区	2067	2950	12639
	工业园区	5758	3197	13777
	常熟市	5369	5265	29753

地区	县（市、区）	申请量	注册量	有效注册量
苏州市	张家港市	2585	2429	21364
	昆山市	5722	4773	20343
	太仓市	1245	1214	7983
南通市	崇川区	1998	726	1743
	港闸区	609	341	1111
	通州区	1261	1589	9337
	海安县	792	1019	5253
	如东县	614	735	4899
	启东市	1077	818	6187
	如皋市	964	834	5698
	海门市	1153	1313	8223
连云港市	连云区	202	441	3357
	海州区	1013	1029	4149
	赣榆区	389	547	2095
	东海县	668	584	2702
	灌云县	364	322	1353
	灌南县	290	205	1241
淮安市	清河区	480	306	819
	楚州区	164	257	1597
	淮阴区	346	844	2665
	清浦区	115	193	682
	涟水县	514	613	2360
	洪泽县	585	420	1486
	盱眙县	752	768	2417
	金湖县	461	397	1761

续表

地区	县（市、区）	申请量	注册量	有效注册量
盐城市	亭湖区	538	426	1751
	盐都区	491	528	2483
	响水县	339	296	1258
	滨海县	309	324	1386
	阜宁县	470	492	2209
	射阳县	532	670	2976
	建湖县	583	616	2518
	盐城经济开发区	32	14	80
	东台市	613	642	3316
	大丰市	639	674	3083
扬州市	广陵区	979	893	2050
	邗江区	1167	1038	5283
	维扬区	117	89	891
	江都区	728	1066	7412
	宝应县	821	1068	5411
	仪征市	493	733	3474
	高邮市	894	1174	5213
镇江市	京口区	433	118	345
	润州区	348	99	278
	丹徒区	399	637	1891
	丹阳市	1922	1909	10399
	扬中市	279	438	2372
	句容市	443	408	2218
泰州市	海陵区	456	544	1562
	高港区	263	299	1198
	姜堰区	591	568	3336
	兴化市	1056	907	4356
	靖江市	804	1012	5357
	泰兴市	522	625	3868

地区	县（市、区）	申请量	注册量	有效注册量
宿迁市	宿城区	797	358	1430
	宿豫区	497	293	1240
	沭阳县	1525	1451	4719
	泗阳县	452	321	1571
	泗洪县	557	427	2043

注：申请量、注册量统计时间为2014年12月16日至2015年12月15日，有效注册量统计时间截至2015年12月15日。